农业实用技术类

羊的常见病防治

主　编　何高明
副主编　齐亚银

中国劳动社会保障出版社

图书在版编目(CIP)数据

羊的常见病防治/何高明主编. —北京：中国劳动社会保障出版社，2011

ISBN 978-7-5045-9170-8

Ⅰ.①羊… Ⅱ.①何… Ⅲ.①羊病：常见病-防治 Ⅳ.①S858.26

中国版本图书馆 CIP 数据核字(2011)第 135869 号

中国劳动社会保障出版社出版发行

(北京市惠新东街1号 邮政编码：100029)

出 版 人：张梦欣

*

中国标准出版社秦皇岛印刷厂印刷装订 新华书店经销

850 毫米×1168 毫米 32 开本 3.5 印张 80 千字

2011 年 7 月第 1 版 2021 年 11 月第 3 次印刷

定价：7.00 元

读者服务部电话：(010) 64929211/84209101/64921644

营销中心电话：(010) 64962347

出版社网址：http://www.class.com.cn

本书编委会

内 容 简 介

本书是农业实用技术丛书中的一种，全书内容分为两篇：基础篇以问答的形式介绍了羊病防治中的基本常识、基本技术；疾病防治篇介绍了羊常见的传染病、寄生虫病和普通病的流行特点、临床症状及防治措施等。

本书可为羊的饲养者提供较全面的常见羊病防治技术指导，便于查阅，也可供相关农业技术人员参考。

目　录

基础篇

疾病防治篇

基 础 篇

1. 导致或诱发羊病发生的主要外部因素有哪些?

羊的饲养、管理和生存环境中包含各种致病因素，主要包括物理性致病因素、化学性致病因素、营养性致病因素以及生物源性致病因素。

（1）物理性致病因素。包括生活环境中的气候变化因素和机械性致病因素。

气候变化因素包括温度、湿度、降雨、日照、气压、空气质量等因素。如：气温过高，湿度过大，日照过强导致羊只发生中暑；气温过低，风力过大，易诱发羊只发生感冒；环境污浊、圈舍过于潮湿时，易导致腐蹄病。

机械性致病因素主要包括打击、压迫、刺、钩、切、砍、咬等各种机械外力，它们可直接导致动物机体组织或器官的损伤。如：牧工用棍棒粗暴驱赶动物，导致动物腰部或腿部损伤；饲草、饲料内掺有某些锐利的铁器，导致创伤性网胃及心包炎；动物圈舍倒塌，导致被砸动物骨折或死亡。

（2）化学性致病因素。主要分为两类。一是指作为消毒剂使用的强酸、强碱等化学物质，动物接触后易导致烧伤。二是指重金属盐类、添加剂、农药等化学毒物或富含有害成分的饲草、饲料等，动物误食或过量食入后常可引起中毒。

（3）营养性致病因素。动物机体代谢每天均需消耗一定量的糖类、蛋白质、脂肪、水、无机盐、维生素等，若饲料中各种营养成分缺乏或不平衡（某种营养成分不足或过剩），常会导致羊只发生相应的疾病。如：在缺硒地区，若不能在饲料中补充硒，则会发生以骨骼肌、心肌变性为主要特征的白肌病，尤其多发生于羔羊；若羔羊饲料中长期缺乏维生素 D 且日光照射不足，或母乳和饲料中钙磷缺乏或比例不当，常可导致佝偻病。

（4）生物源性致病因素。是指存在于周围环境中的致病性微生物和寄生虫，主要包括病毒、细菌、真菌、支原体、衣原体、立克次氏体、螨虫等，它们的感染或寄生可引起羊发病，是对养羊业危害最严重的一类疾病，如口蹄疫、羊痘、羊炭疽、羊布氏杆菌病、羊传染性胸膜肺炎、羊衣原体病、羊附红细胞体病、羊肝片吸虫病、羊绦虫病、羊血矛线虫病、羊肺丝虫病、螨病、羊巴贝斯虫病、羊泰勒虫病等。

2. 导致或诱发羊病发生的主要内部因素有哪些?

导致或间接诱发羊病发生的主要内部因素是指羊的机体自身的素质。羊的品种、年龄、性别、营养状况及免疫状况不同，对外部致病因素的敏感性和对致病微生物的抵抗力也各不相同。

（1）品种差异。羊的品种不同，对各种致病因素的反应也常不相同。通常绵羊比山羊敏感，引进的纯种羊比本地的土种羊敏感。如：绵羊比山羊更易患羊巴氏杆菌病和羊快疫。

（2）年龄差异。羊的年龄不同，对各种致病因素的反应也各不相同。如：幼龄羊生长发育较快，对各种营养成分的缺乏较敏感，易患白肌病或佝偻病等营养性疾病；成年羊体格健壮，食欲旺盛，采食量较大，更易在发生中毒时表现出较严重的症状。

（3）性别差异。羊的性别不同，对某些疾病（尤其是生殖系统疾病）的敏感性也不同。如：母羊比公羊对羊布氏杆菌病和弓形虫病的敏感性高；产科疾病主要发生于母羊。

（4）营养状况差异。营养状况好的羊比营养不良的羊对各种致病因素的抵抗力更强。如：当天气发生剧烈变化时，发病的常常是那些较瘦弱的羊只。

（5）免疫状况差异。严格按免疫程序给羊注射疫苗，可使羊产生针对相应病原的免疫力，有效地预防该种传染病的发生。

总之，羊病的发生，往往不是单一原因引起的，而是多种外部因素或外部因素与内部因素共同作用的结果。

3. 羊的常见病主要有哪些？

羊的疾病多种多样，根据引起疾病的原因可将羊病分为传染病、寄生虫病和普通病三个大类。

（1）传染病。指由病原微生物（如细菌、病毒、支原体等）侵入羊体而引起的一类疫病，是制约养羊业发展的最重要因素。按引起疾病的病原微生物的种类又可以分为：病毒性传染病，如口蹄疫、羊痘、羊狂犬病、蓝舌病等；细菌性传染病，如羊炭疽、破伤风、羊布氏杆菌病、羊副结核病、羔羊大肠杆菌病、羊坏死杆菌病、羊快疫、羊肠毒血症、羊猝狙、羊黑疫等；支原体病，如羊传染性胸膜肺炎；衣原体病，如羊衣原体病；螺旋体病，如羊钩端螺旋体病；立克次氏体病，如附红细胞体病。

（2）寄生虫病。寄生虫病是指原虫、蠕虫、节肢动物通过不同的途径感染或侵袭羊体，并在羊体内或体表暂时地或永久地寄生，对羊的健康、生长发育及生产性能造成损害，甚至导致大批死亡的一类疾病。按引起寄生虫病的病原种类又可分为：吸虫病，如肝片吸虫病、血吸虫病等；绦虫病，如莫尼茨绦虫病、棘球蚴病、脑多头蚴病等；线虫病，如捻转血矛线虫病、肺线虫病等；外寄生虫病，如螨病及羊鼻蝇蛆病等；原虫病，如巴贝斯虫病、泰勒虫病、球虫病等。

寄生虫侵入羊体后，大多要经过一个时间长短不一的移行过程，最终到达特定的寄生部位进行发育，其对羊的危害贯穿于移行和寄生的全过程，主要表现为以下几种情况：

1）在移行过程中引起宿主组织或器官的机械性损伤。如网尾线虫在羊的支气管或肺部移行，可引起肺炎；羊疥螨寄生于羊的表皮层，并掘凿隧道进行发育和繁殖，可导致皮肤发红增厚，继而出现丘疹、水疱，以后形成痂皮，剧痒，常致羊衰竭死亡。

2）掠夺营养，吞噬或破坏组织细胞，引起宿主营养不良、消瘦、贫血、黄疸、水肿和发育受阻。如羊消化道线虫病和羊绦虫病等。

3）分泌、释放一些有害代谢产物或毒素，引起羊发热或中毒。如棘球蚴破裂，囊液进入血液循环后引起严重的过敏症状，甚至休克死亡。

4）通过诱导机体强烈的免疫反应而引起寄生组织或器官的严重病理损伤。如寄生于肝脏的血吸虫虫卵可诱发宿主的免疫细胞浸润，继而形成肉芽肿、肝硬化、腹水等病变。

5）压迫或阻塞宿主器官组织。如脑包虫在感染后期由于蚴体增大，压迫脑髓，会引起宿主脑贫血、脑萎缩、半身不遂、视神经营养不良、运动机能受损等症状。

（3）普通病。普通病是指由非生物源性致病因素引起的一类疾病，包括除传染病和寄生虫病以外的所有疾病，习惯上又可分为以下几类：

1）内科病。主要包括：消化系统疾病，如食道阻塞、瘤胃积食、瘤胃臌气、创伤性网胃及心包炎等；呼吸系统疾病，如肺炎、感冒等；营养代谢性疾病，如酮病、羔羊白肌病、佝偻病、绵羊食毛症等。

2）外科病。如腐蹄病、骨折等。

3）产科病。如流产、难产、胎衣不下、子宫内膜炎、乳房炎等。

4）中毒病。如亚硝酸盐中毒、氢氰酸中毒、尿素中毒、各种农药中毒等。

将羊病按疾病的性质进行分类，有助于人们对导致疾病的原因进行分析，从而有针对性地制定有效的预防和治疗措施。

4. 羊病的常规观察包括哪些内容？

（1）观察体格及发育情况。体格发育良好的羊，其躯体高大，结构匀称，肌肉结实，生产性能良好，对疾病的抵抗力强。而发育不良的羊，表现为躯体矮小，结构不匀称，尤其在幼畜阶段，常发育迟缓甚至发育停滞。其原因是营养不良或慢性传染病、寄生虫病等。

若羔羊发生佝偻病，在体格矮小的同时，其躯体结构明显改变，头大颈短、关节粗大、肢体弯曲等。

观察营养程度及精神状态。营养良好的羊肌肉丰满，皮下脂肪充盈，被毛有光泽，躯体圆满，骨骼棱角不突出。营养不良的羊表现为消瘦，被毛蓬乱，皮肤缺乏弹性，骨骼表露明显，同时精神不振，躯体乏力，不愿走动。

若病羊在短时期内快速消瘦，应考虑有急性胃肠炎的可能。若病程缓慢发展，多由于慢性消耗性疾病如慢性传染病、寄生虫病、长期消化道紊乱或代谢障碍等造成。

此外，羔羊的消瘦，可能与贫血、佝偻病、硒或维生素 E 缺乏症以及其他营养代谢紊乱性疾病有关。羊的精神状态标志着中枢神经的机能状态，在临床实践中，羊过度兴奋或抑制均表示中枢神经机能发生障碍。

当羊兴奋异常、惊恐不安时，可见于脑及脑膜的炎症、中暑或某些中毒疾病及传染病，也可见于钙缺乏、维生素缺乏等疾病。

当羊表现出精神沉郁、委靡、反应迟钝时，多见于发热性、消耗性及衰竭性疾病。当病羊表现出重度意识障碍时，称为昏迷，此时羊意识不清、卧地不起、呼唤不应，有时伴有肌肉痉挛与麻痹，可见于脑及脑膜疾病、中毒病及某些代谢性疾病的后期。应该指出的是，由于不同疾病往往表现出相似的精神状态，应加以区别。

(3) 观察体态及运动情况。羊在健康状态时，姿势自然、动作灵活而协调，病理状态下则有多种异常体态。当病羊发生骨软症、风湿症时，四肢交替负重，站立困难，运动时有跛行症状；当出现中枢神经系统疾病时，病羊躯体歪斜，失去平衡，站立不稳，有时出现共济失调症状。羊运动时，若四肢配合不协调、走路摇摆、行走易跌、肢蹄高抬、用力着地等，常见于某些寄生虫病、中毒性营养缺乏疾病。羊无目的地徘徊、直向前冲、后退不止或转圈运动，多提示为脑包虫病。

5. 如何检查羊的皮肤颜色、温度及弹性？

羊皮肤呈黄疸色，见于肝病、胆道阻塞及溶血性疾病；皮肤呈蓝紫色（称为发绀），见于严重的呼吸器官疾病、重度心力衰竭、多种中毒病及中暑等。羊的正常体温为 38 ~ 39.5℃。皮温增高可见于一些热性病，局限性皮温增高提示局部的发炎；皮温降低多见于重度贫血、营养不良、严重脑病及中毒性疾病。

羊皮肤弹性良好时，拉起皮肤放开后，皱褶很快恢复平展。如恢复很慢，可见于机体的严重脱水及慢性皮肤病（湿疹、疥癣等）。老龄羊的皮肤弹性减退属自然现象。

6. 如何检查羊的皮下组织及皮肤疱疹?

大面积弥散性肿胀、伴有局部的热痛及明显的全身反应(如发热等),应考虑蜂窝组织炎的可能,尤多发于四肢,颈部和腹下则少见。

根据发生的原因,皮下浮肿分为营养性、肾性及心性浮肿。营养性浮肿常见于重度贫血、高度衰竭;肾性浮肿多因肾炎或肾病而继发;心性浮肿则是由于心脏衰弱、末梢神经障碍并进而发生淤血的结果。脓肿、血肿的共同特点是呈局限性肿胀,触诊有明显的波动感,多发于躯干或四肢的上部,必要时需进行穿刺并抽取内容物分析区别。

皮肤疱疹有湿疹、饲料疹、丘疹、痘疹等。湿疹表现为在被毛稀疏部位弥漫性分布、呈粟状大小的红色斑;饲料疹的特征为皮肤充血、潮湿、有水疱及灼热,有痛感;丘疹是由于饲料中毒及慢性消化紊乱,躯干部呈现多数指尖大的扁平丘疹,伴有剧烈痒感;若皮肤出现豆类大小的疱疹,则为痘疹的特征,羊痘疹多发于被毛稀疏部位及乳房皮肤上,呈圆形豆粒状。

7. 如何检查羊的眼结膜?

眼结膜的检查是诊断疾病的一项重要手段,结膜的颜色变化可反映局部的病变,也可推断全身的循环状态及血液成分的改变。检查时,应注意眼角的分泌物、眼睑状态、结膜的颜色及角膜、巩膜、瞳孔等的情况。

发生眼结膜炎时,眼睑肿胀并伴有一定流泪,发生化脓性结膜炎时，可见有黄色黏稠的分泌物。

羊的眼结膜的正常颜色为淡红色，当出现潮红、苍白、发绀或黄疸时，表示羊整体及局部的生理状态发生改变。

眼结膜潮红，仅发于单眼时，可能是局部的结膜炎所致，如果发生双侧眼结膜潮红，多标志全身循环状态的改变。

眼结膜苍白是贫血的特征。当发生大的创伤并伴有急性出血时，由于其病情发展迅速，眼结膜常呈苍白或灰白色。

如果眼结膜颜色逐渐转为苍白，且出现全身营养衰竭，一般多为慢性营养不良或消耗性疾病。当眼结膜颜色为发绀，即呈蓝紫色时，多见于呼吸道狭窄引起的吸入性呼吸困难、心脏机能障碍时发生全身淤血及某些中毒性疾病（如亚硝酸盐中毒等）。

结膜黄染及黄疸是多种因素综合作用的结果。一般黄疸分为三种：溶血性黄疸、阻塞性黄疸和实质性黄疸。由于大量的红细胞遭到破坏，造成机体发生贫血，胆色素蓄积增多而形成的黄疸，称为溶血性黄疸；由于胆管被异物、结石等阻塞，造成胆汁淤滞，胆管破裂，胆色素混入血液而发生的黏膜黄染，称为阻塞性黄疸；当肝实质发生病变，致使肝细胞发炎、变性或坏死，毛细胆管淤滞及破坏，造成血液中胆红素增多而形成的黄疸，称为实质性黄疸。

8. 如何测定羊的体温？

临床测体温均以羊的直肠温度为标准。测温前，充分甩动体温计，使水银柱降至35℃以下，用消毒棉球清洗后，涂以润滑剂，检测人员一手将羊尾根部提起，另一只手持体温计徐徐插入羊肛门中，放下尾部，将附带的夹子夹在尾巴上固定。一般体温计在羊的直肠中放3～5分钟后，取出体温计读数即可，读完后再将体温计水银柱甩至35℃以下，并用消毒棉球拭干备用。

羊体温升高的程度分为微热（体温升高1.0℃）、中等热（体温升高1.0～2.0℃）、高热（体温升高2.0～3.0℃）、最高热（体温升高3.0℃以上）。发生微热时，机体仅有局部炎症及轻微病理变化，常见于感冒、口炎等。发生中等热时，常见于呼吸道、消化道的一般性炎症及某些慢性传染病。高热及最高热分别见于急性感染病、广泛性炎症及急性传染病。

在发热过程中，根据其经过的特点，可分为几种不同的发热类型：

（1）间歇热。一定时间间隔反复交替出现发热的现象称为间歇热，见于血孢子虫病等。

（2）弛张热。昼夜间体温变动较大（在2℃以上），见于许多化脓性疾病及败血病等。

（3）稽留热。每昼夜体温变动很小（在1℃以内），高热持续数天，见于羊传染性胸膜肺炎、流行性感冒、大叶性肺炎等。

体温过低的情况，常见于老龄羊或严重的贫血、中毒、大失血、频繁下痢及多种疾病的濒死期。

对于体温的诊断意义，不能片面、绝对地理解，而应该全面、辨证地分析病情，比如同一疾病在不同的发展阶段体温的升高程度不同；老龄羊与青年羊患同一疾病时，由于机体状态的差异，对疾病的反映自然不一样，体温升高的程度也就有所不同。所以对于每一个具体病例，要根据实际情况，客观、准确、全面地进行综合分析，不能只抓一点，不及其余。

9. 如何测定羊的脉搏？

测定脉搏时，一般在羊的股内动脉触诊。健康羊每分钟的脉搏次数为 70 ~ 80 次，当外界条件发生变化时，次数会相应改变。

（1）脉搏次数增多。由于心动过速所致，羊发热时体温每升高 1℃，引起脉搏次数增加 4 ~ 8 次；发生心肌炎、心包炎等心脏疾病时，脉搏次数增多；发生肺炎等呼吸器官疾病时，也可导致脉搏次数增加。另外，一些中毒性疾病及剧痛性疾病，也可导致脉搏次数增加。

（2）脉搏次数减少。见于脑积水及某些中毒性疾病。

10. 如何测定羊的呼吸？

观察羊胸腹部的起伏动作或鼻孔进出气流状态。

健康羊呼吸每分钟 12 ~ 30 次，外界温度、运动等因素常导致呼吸次数增加，应与病理情况相区别。

（1）呼吸次数增多。见于上呼吸道的轻度狭窄及呼吸面积减少等。发生羊传染性胸膜肺炎时，致病因子侵害呼吸器官，引起炎症，可导致呼吸次数增多；机体心力衰竭及贫血时呼吸加快；疼痛、某些中毒性疾病亦可引起呼吸次数增加。

（2）呼吸次数减少。较为少见，某些中毒病、代谢紊乱及脑病可能出现呼吸次数减少。

11. 如何观察羊的饮食状态？

（1）食欲和饮欲。在病理情况下，食欲和饮欲可能发生减少、废绝等变化。口腔、牙齿、咽腔、食管等发生病变，可导致食欲减少甚至废绝。病羊患高热性疾病时食欲减退。维生素和矿物质的缺乏、心力衰竭、代谢紊乱及肝病可导致食欲减少或废绝。

当发生腹泻、剧烈呕吐、大量出汗时，病羊出现饮欲增强现象。

（2）采食、咀嚼和吞咽。一些神经系统疾病，如面神经麻痹、破伤风等造成咬肌强直、牙关紧闭、咀嚼发生困难。中枢神经机能障碍，如脑和脑膜炎疾病，常表现为采食、咀嚼的异常。发生吞咽障碍时可见病羊摇头、伸颈、试图吞咽而中止及引起咳嗽等。咽部有异物也能引起吞咽障碍。

（3）反刍。复胃动物采食后周期性地将瘤胃中的食物反排至口腔并重新咀嚼后再咽下，称为反刍。反刍通常在安静或休息状态下进行，羊一般在饲喂后0.5～1小时开始，每昼夜进行4～10次，每次持续20～40分钟。若反刍时间过短以及咀嚼得迟缓无力，说明羊反刍功能发生障碍。当羊发生前胃弛缓、瘤胃积食、瘤胃臌气、瓣胃或真胃阻塞时，其反刍功能减弱。反刍完全停止是病情严重的标志之一。

（4）异嗜、嗳气及呕吐。异嗜现象多见于幼畜，常因为矿物质、维生素及微量元素的缺乏和营养代谢障碍而导致。嗳气是反刍动物的一种正常生理现象，可排出瘤胃内储积的气体，一般每小时20～30次。当瘤胃机能发生障碍或其内容物干涸时嗳气减少，见于前胃弛缓、瘤胃积食等疾病。当食管阻塞及严重前胃功能障碍并继发瘤胃臌气时，嗳气完全停止。胃内容物不自觉地经口或鼻腔反排出来，称为呕吐。羊呕吐时表现不安、紧张，头、后肢缩于腹下。

（5）口腔黏膜、气味及舌齿的观察和诊断。羊的徒手开口法是一手将拇指与中指在颊部握住上颌，另一手拇指及中指由左右口角处握住下颌，同时用力上下拉即可开口。

当发现口腔黏膜干燥时，提示脱水、腹泻及热性病等。黏膜颜色苍白或发绀，提示病情严重。口腔黏膜缺损、溃烂，见于口炎、水疱病及痘病等。羊口腔在正常生理状态下，一般无特殊臭味，当羊消化紊乱时，口腔上皮脱落及饲料残渣分解等可产生臭味。健康羊舌苔颜色与口腔黏膜颜色相似，呈粉红色且有光泽，当舌表面的舌苔颜色呈灰白或黄白时，见于胃肠疾病及热性病；舌苔颜色为深红或带紫色时，提示循环高度障碍；若舌苔颜色变为青紫，舌质地柔软，说明疾病已到危险期。

12. 如何检查羊的腹部及前胃的机能状态？

（1）腹部检查。羊腹部胀大，尤其是左侧胀大较为明显时，多见于瘤胃积食或积气，但要与母畜妊娠后期（一般右侧胀大明显）及采食大量青料或青贮饲料（后腹部膨大）相区别。腹部明显小于正常时，多见于一些慢性消耗性疾病，如长期下痢等。

（2）瘤胃的检查。对于瘤胃的检查方式有触诊、听诊和叩诊。触诊时，检查者位于羊左侧，左手放在羊背部作支点，右手放于左肷部进行触诊，判断瘤胃内容物的性状。当上腹壁紧张且有弹性、用力压都不能感受到胃中坚实的内容物时，可能是瘤胃臌气；发生瘤胃积食时，触诊有波动感，胃内容物较干时，触压后有压痕出现。健康羊瘤胃蠕动频率为每分钟 2 ~ 4 次，采食后 2 小时蠕动最明显，以后逐渐减弱，饥饿时蠕动次数减少。当羊瘤胃机能减弱时，其蠕动次数减少，蠕动音较弱，见于前胃弛缓、瘤胃积食及其他胃病等。叩诊瘤胃时，健康羊左肷部为鼓音或半浊音，发生瘤胃臌气时，中上部为鼓音，甚至有金属声响，发生瘤胃积食时，浊音范围扩大。

（3）网胃的检查。网胃位于腹腔左前下方剑状软骨的后方，前缘紧接膈肌靠近心脏。检查时主要采用触诊方式，在左侧心肌后方、网胃区域进行击打，若病羊表现敏感、躲闪、不安等行为，则极可能是创伤性网胃炎。

（4）瓣胃的检查。采用听诊的方式，正常时可听到瓣胃微弱的蠕动音，采食后特别明显，出现在瘤胃蠕动之后，当瓣胃蠕动音显著减弱或消失时，见于瓣胃阻塞（百叶干）等病。

（5）真胃的检查。一般采用触诊的方法，也可结合听诊、叩诊进行诊断。触诊真胃感到坚硬，提示真胃阻塞；若病羊表现为敏感呻吟、躲避反应，则提示真胃炎、真胃扭转等。

13. 如何检查羊的排粪动作及粪便的感观状态？

羊在正常排粪时，背部微拱起，后肢稍张开并略前伸。若羊只排粪时表现费力，提示胃肠疾病及热性病等。若频频排粪甚至排粪失禁、粪呈粥样甚至水样，则为腹泻或下痢。排粪时有痛感，表现出不安、呻吟、躲闪等反应，则可考虑为腹膜炎及胃肠炎等疾病。粪便中带有黏液，提示为胃肠炎。若粪便中混有血液，则为严重肠炎的特征；若有肠黏膜混在粪便中，则为坏死性肠炎的特征。同时应注意粪便中是否有寄生虫存在等，进行综合判断。

14. 如何检查母羊外生殖器官及乳房？

健康母羊阴道黏膜颜色呈淡红色，光滑而湿润。母羊发情时，阴道黏膜充血，阴唇充血肿胀，子宫颈及子宫分泌的黏液流入阴道，黏液呈无色、灰白或灰黄色，其质透明，常吊在阴唇皮肤上或粘在尾巴上，有时经阴门流出。发生阴道炎或子宫炎时，病羊表现为尾根翘起、拱背、尿量不多但次数频繁，阴门中流出浆液或黏液性及脓性腥臭液，附着在阴门或尾根部；阴道检查时，阴道黏膜敏感性增加，疼痛、出血、充血、肿胀、干燥，甚至发生溃疡或糜烂。

乳房的检查方式有视诊、触诊等。通过乳房的大小、形状、颜色、有无外伤、结节及脓疮来检查；若乳房皮肤上出现疱疹、脓疱及结节，一般多见于痘病、口蹄疫等。

触诊乳房时，注意乳房的硬度、温度、大小、有无波动感等，当发生乳房炎时，炎症部位肿胀、发硬、皮肤呈紫红色，局部热痛，挤奶不畅，挤出的乳汁浓稠，含絮状物或脓汁、血液等。

15. 如何加强饲养管理来预防羊病?

（1）合理组织放牧。牧草是羊的主要食物，放牧是羊群采食获取营养的重要方式。应根据农区、牧区草场的不同特点，以及羊的品种、年龄、性别的差异，分别编群放牧。为了合理利用草场，减少牧草浪费和羊群感染寄生虫的机会，应推行划区轮牧制度。

（2）适时进行补饲。羊属于反刍动物，虽然放牧是其获取营养的主要方式，但当冬季草枯、牧草营养下降或放牧采食量不足时，必须进行补饲，特别是对正在发育的幼龄羊、怀孕和哺乳期的成年母羊进行合理的补饲尤为重要。种公羊如仅靠平时放牧，营养需要难以满足，在配种期间更需要保证较高的营养水平，因此，种公羊应多采取舍饲方式，并按饲养标准进行饲喂。

（3）妥善安排生产环节。养羊的主要生产环节是包括鉴定、剪毛、配种、产羔和育羔、羊羔断奶和分群。每一生产环节的安排应尽量在较短时间内完成，以尽可能增加有效放牧时间；如某一环节影响了放牧，要及时给予适当的补饲。

(4) 坚持自繁自养、严进严出的原则。羊场或养羊专业户应选择健康的良种公羊和母羊，自繁自养，尽量做到全进全出，这不仅可大大减少入场检疫的工作量，而且可有效地避免因引入新羊而带进新的传染源。若因品种改良或生产规模扩大的需要必须自外地引入羊只时，则必须严格执行检疫制度。

检疫是应用各种诊断方法对羊及其产品进行疫病（主要是传染病和寄生虫病）检查，并采取相应的措施，以防疫病的发生和传播。羊从生产到销售，要经过出入场检疫、收购检疫、运输检疫和屠宰检疫，涉及外贸时，还要进行进出口检疫。出入场检疫是所有检疫中最基本最重要的检疫，只有经过检疫而未发生疫病时，方可让羊及其产品进场或出场。羊场或养羊专业户引进羊时，只能从非疫区购入，经当地兽医检疫部门检疫，并签发检疫合格证明书；运抵目的地后，再经本场或专业户所在地兽医验证、检疫并隔离观察 1 个月以上，确认为健康者，经药浴、驱虫、消毒，对尚未接种疫苗的羊只补种疫苗后，方可与原有羊群合并。羊场采用的饲料和用具，最好从安全地区购入，并在应用前进行清洗、消毒，以防疫病传入。

16. 如何做好环境卫生以预防羊病？

为了净化周围环境，减少病原微生物的滋生和传播疾病的机会，对羊的圈舍、活动场地及用具等要经常进行清扫，保持洁净、干燥；粪便和污物要及时清除，并堆积发酵；饲草饲料应尽量保持新鲜、清洁和干燥，防止发霉变质。

蝇、蚊、蜱等节肢动物是病原体的宿主和携带者，常可作为某些传染病和寄生虫病的传播媒介。为预防羊病，应清除羊舍周围的杂物、垃圾和杂草堆，填平死水坑，用喷灯的火焰喷烧昆虫聚居的墙壁、用具等的缝隙，或以火焰焚烧昆虫聚居的垃圾废物，也可将水槽或用具进行消毒，以杀灭这些物品上的昆虫虫卵，减少昆虫的来源；可采用倍硫磷、溴氰菊酯（敌杀死）等杀虫剂每月在羊舍内外和蚊蝇容易滋生的场所喷洒2次；在4—9月蜱的活动季节，应定期进行药浴，以杀死羊体表寄生的媒介蜱，避免羊将其带入圈舍。

鼠类对动物健康有极大的危害。它是多种人畜共患病的传播媒介和传染源，也可以传播羊炭疽、羊布氏杆菌病、结核病、羊李氏杆菌病、羊巴氏杆菌病、口蹄疫等多种羊的传染病，因此灭鼠对于预防羊病具有重要意义。灭鼠工作应从两方面进行：一方面根据鼠类的生态学特点防鼠、灭鼠。圈舍最好使用钢门，且封闭良好，使鼠类不能进入圈舍；采用混凝土制作墙面、地面，若发现洞穴，应及时封堵，使鼠类无藏身之所；应经常保持圈舍及场区周围的整洁，及时清除饲料残渣，将饲料保存在鼠类不能进入的房舍内。另一方面则是采取多种方法直接杀灭鼠类。除采用捕鼠夹捕杀外，最常用的是药物灭鼠，较常用的药物有敌鼠钠盐、安妥、磷化锌等。敌鼠钠盐对人、畜毒性低，常用于住房、畜舍、仓库灭鼠。

17. 如何做好羊场的消毒工作？

消毒是贯彻“预防为主”方针的一项重要措施，其目的是消灭传染源散播于外界环境中的病原体，以切断传播途径，阻止疫病的传入或蔓延，羊场应建立切实可行的消毒制度，定期对羊舍（包括用具）、地面土壤、粪便、污水、皮毛进行消毒。

根据消毒的目的，可以将消毒分为以下三种情况：

（1）预防性消毒。是指结合平时的饲养管理对畜舍、场地、用具和饮水等进行定期消毒，其目的是为了预防一般传染病的发生。

（2）随时消毒。是指在传染病发生时，为了及时消灭刚从病羊体内排出的病原体而采取的消毒措施，消毒的对象包括病羊所在的圈舍、隔离场地以及被病羊分泌物、排泄物污染和可能污染的一切场所、用具和物品，通常在解除封锁前进行定期的多次消毒，其目的是为了阻止疫病的扩散和蔓延。

（3）终末消毒。在病羊解除隔离、痊愈或死亡后，或者在疫区解除封锁之前，为了消灭疫区内可能残留的病原体所进行的全面彻底的消毒。

根据消毒的对象，消毒又可分为羊舍消毒、地面土壤消毒、粪便消毒、污水消毒和皮毛消毒等。

（1）羊舍消毒。一般首先进行机械清扫，然后用消毒液进行消毒。用化学消毒剂进行消毒时，消毒液的用量以羊舍内每平方米用 1 升药液计算。常用的消毒药有 2% ~4% 火碱溶液、10% ~20% 石灰乳、10% 漂白粉溶液、0.5% ~1.0% 菌毒敌溶液（同类产品有农福、农富、菌毒灭等）、0.5% ~1.0% 二氯异氰脲酸钠溶液（以此药为主要成分的商品消毒剂有“强力消毒灵”“灭菌净”“抗毒威”等）、0.5% 过氧乙酸溶液等。

消毒方法是将消毒液盛于喷雾器内，先喷洒地面，然后喷洒墙壁，再喷天花板，最后再打开门窗通风，用清水刷洗饲槽、用具，将消毒药的药味除去。在一般情况下，羊舍消毒每年可进行两次（春秋各一次）。产房的消毒，在产羔前应进行一次，产羔高峰时进行一次，产羔结束后再进行一次。在病羊舍、隔离舍的入口处应放置浸有消毒液的麻袋片或草垫，消毒液可用 2% ~4% 氢氧化钠溶液、1% 菌毒敌溶液（对病毒性疾病）或 10% 克辽林溶液。

（2）地面土壤消毒。土壤表面可用 10% 漂白粉溶液、4% 福尔马林溶液或10%氢氧化钠溶液消毒。对于传染病所污染的地面土壤，可先将地面翻一下，深度约30厘米，翻地的同时撒上干漂白粉（用量为每平方米0.5千克），然后用水浇湿、压平。如果放牧地区被某种病原体污染，一般利用自然因素（阳光、干燥等）来消除病原体；如果污染面积不大，则应使用化学消毒药消毒。

（3）粪便消毒。羊的粪便有多种消毒方法，对一般微生物和寄生虫来讲，最常用的方法是生物热消毒法，即在距羊场100~200米的地方设一个粪场，将羊粪堆积起来，上面覆盖10厘米厚的沙土，堆放发酵30天左右，即可用做肥料，但若为炭疽芽孢杆菌污染的粪便，则必须进行焚烧，若进行深埋，深度不得低于2米。

（4）污水消毒。最常用的方法是将污水引入污水处理池，加入化学消毒药品（如漂白粉或其他氯制剂）进行消毒，用量一般为每升污水2~5克。

（5）皮毛消毒。羊患炭疽、口蹄疫、羊布氏杆菌病、羊痘、羊坏死杆菌病等，羊皮、羊毛均需消毒。皮毛的消毒，目前广泛应用环氧乙烷气体消毒法。消毒时必须在密闭的专用消毒室或密闭性良好的容器（常用聚乙烯薄膜制成的棚布为材料）内进行。在室温15℃下，每立方米密闭空间使用环氧乙烷0.4~0.8千克，维持12~48小时，相对湿度在30%以上。此法对细菌、病毒、霉菌均有较好的消毒效果，对皮毛等产品中的炭疽芽孢也有较好的杀灭作用。

18. 羊场如何有计划地进行免疫接种？

疫苗接种能激发羊体产生对某种传染病的特异性抵抗力，使其对该种疫病由敏感转为不易感。除某些烈性传染病外，某一地区流行的疫病具有相对的稳定性，养殖场或专业户应对本地区常见疫病进行免疫接种。各地区、各羊场存在的传染病不同，预防这些传染病所需的疫苗也就各异，免疫期长短也不一致。因此，羊场往往需要多种疫苗来预防不同的传染病，这就要求应根据各种疫苗的免疫特点和本地区的发病动态，合理安排疫苗的种类、免疫次数和间隔时间，这就是所谓的免疫程序。如使用羊梭菌病四联氢氧化铝菌苗重点预防羊快疫和肠毒血症时，应在历年发病前 1 个月接种疫苗；当重点预防羔羊痢疾时，应在母羊配种前 1 ~2 个月或配种后 1 个月左右进行免疫接种。目前国内还没有一个统一的羊传染病的免疫程序，只能在实践中探索，不断总结经验，制定出适合本地、本羊场具体情况的免疫程序。

19. 羊场如何实施药物预防？

羊场可能发生的疫病种类很多，其中有些疫病可用疫苗进行预防，但仍有多种疫病尚未研制出有效疫苗，有些疫病虽有疫苗但实际应用还有问题，因此，对这些疾病实施药物预防便显得尤为重要。药物预防是指将适量的药物拌入饲料中或溶在饮水中进行的群体药物预防。

常见的药物有磺胺类药物、抗生素、硝基磺胺类药物等。药物占饲料或饮水的比例因药物种类的不同而不同，如磺胺类药物的预防量为 0.1% ~0.2%，四环素族抗生素的预防量为 0.01% ~0.03%，硝基磺胺类药物的预防量为 0.01% ~0.02%，一般连用5 ~7 天，必要时也可酌情延长。但如长期使用化学药物预防，容易产生耐药性菌株，影响药物的预防效果。因此，要经常进行药敏试验，选择有高度敏感性的药物用于防治，并且最好将几种药物交替使用，这样可延缓耐药性菌株产生的速度。

饲料添加剂可促进羊的生长发育，且可增强其抗感染的能力。目前广泛使用的饲料添加剂中，含有多种维生素、无机盐、氨基酸、抗氧化剂、抗生素、中草药等，且每年都在研究改进添加剂的成分和用量，以便不断提高羊的生产性能和抗病能力。

微生态制剂是根据微生态学原理，利用机体正常的有益微生物或其促进物质合成的一类新型活菌制剂，广泛应用于人类、动物和植物。目前国内已有促菌生、乳康生、调痢生、健复生等10余种制剂。这类制剂的特点是，具有调整动物肠道菌群比例失调、抑制肠道内病原菌增殖、防止幼畜下痢等功能，并有促进动物生长、提高饲料利用率等作用。本品粉剂可供拌料（用量为饲料的0.1%～2.0%），片剂可供口服，应避免与抗菌药物同时服用。

20. 如何进行羊的驱虫工作?

驱虫是指用驱虫药或杀虫剂杀灭存在于羊体内或体表寄生虫的全过程。在羊驱虫前最好禁食，夜间不放不喂，早晨空腹时进行投药，但由于几乎所有的驱虫药都不能杀灭蠕虫虫卵或已排入消化道和呼吸道中的虫卵，若羊在驱虫过程中或驱虫尚未结束前便到处游走，动物排泄物中含有大量虫卵或崩解的虫体节片，势必会到处散布而污染草场或周围环境。为了使驱虫成为消除寄生虫和保护外界环境不受污染的行动，驱虫的全过程应在专门指定的场所进行，直到被驱除的病原物质排泄完毕后才能将动物放出，驱虫后排出的粪便应发酵，进行无害化处理。

“成熟前驱虫”主要应用于某些蠕虫，是趁蠕虫在宿主体内尚未成熟排卵之前进行的驱虫。该方法的优点主要是将虫体消灭于成熟产卵之前，防止虫卵或幼虫对外界环境的污染；同时可以阻断宿主病程的发展，有利于保护羊的健康。“成熟前驱虫”的时间要根据寄生虫的生活史、流行病学特点以及所用驱虫药的性能而定。

目前，对寄生虫病的防治多采用定期驱虫，一般一年两次，多安排在每年春季的3—4 月和秋冬季的10—12 月，这样有利于羊的抓膘、安全越冬和度过春乏期。常见的驱虫药很多，如：能驱除多种线虫的左旋咪唑，可驱除多种绦虫和吸虫的吡喹酮，可驱除部分吸虫、大部分绦虫和几乎全部线虫的丙硫苯咪唑，既可驱除线虫又可杀灭多种外寄生虫的阿维菌素和伊维菌素。在实践中，应根据本地区羊的寄生虫流行情况选择适当的药物种类、给药时机和给药途径。

药浴是防治羊体外寄生虫（特别是螨、蜱）病的重要手段。常用的药物有蝇毒磷、磷丹、螨净（二嗪农）、溴氰菊酯、杀灭菊酯等。药浴可在药浴池内或使用特制的药淋装置逐只进行。

21. 如何预防羊的中毒疾病?

中毒的发生主要是由于羊采食了有毒饲草、饲料，过量食入某种添加剂，误食农药或过量使用化学药物进行治疗。为有效预防该类疾病的发生，应采取如下措施：

（1）防止动物采食有毒植物。山区、农区或草原地区生长的大量野生植物是羊的良好的天然饲料来源，但有些植物对羊是有毒的。如玉米、高粱等的幼苗和亚麻籽中均含有较多量的氰甙，易造成氢氰酸中毒。

（2）不饲喂霉败饲料。要将饲料储存于干燥、通风的地方，以防发生霉败；饲喂前要仔细检查，如果已经发霉变质，应废弃不用。

（3）注意饲料的调制、搭配和储藏。有些饲料本身含有有毒物质，饲喂时必须加以调制。如棉籽饼含有一种叫棉酚的物质，对羊具有蓄积性毒性。

（4）妥善保存农药及化肥。一定要把农药和化肥放在仓库内，由专人负责保管，以免被羊当作饲料或添加剂误食，引起中毒。

（5）防止水源被毒物污染。喷洒过农药或施有化肥的农田所排放的水不应用做饮用水。工厂附近排出的水或池塘内的死水也不宜让羊饮用。

疾病防治篇

一、传染病

1. 口蹄疫

口蹄疫是由口蹄疫病毒引起的猪、牛、羊等偶蹄动物的一种高度接触性传染病，以口腔黏膜、鼻、蹄和乳头等处皮肤形成水疱和烂斑为主要特征。

◆流行特点　该病传染性强，一旦发生便会很快波及全群。发病动物和所接触的环境与物品是主要传染源，主要通过直接接触和间接接触感染。

◆临床症状　潜伏期一周左右，病羊体温升高到 40～41℃，食欲减退，流涎，1～2 天后在唇内、齿龈、舌面等部位出现蚕豆或核桃大小的水疱。羊的症状一般较轻，绵羊仅在蹄部出现豆粒大小的水疱，需仔细检查才能发现；由于头部被毛耸立，外观似头部变大，有人称之为“大头病”。如无继发感染，成年动物会在四周之内康复，死亡率在 5% 以下。幼畜死亡率较高，有时可达 70% 以上，主要是由于心肌损伤而猝死。

◆临床诊断　本病呈急性流行性传播，主要侵害偶蹄动物，一般为良性转归；临诊表现为发热，口腔黏膜（如牙龈、舌等）、蹄部皮肤、乳房、乳头、鼻端、鼻孔等部位出现水疱和溃疡；注意与羊传染性脓疱、蓝舌病等类似疾病相区别。

◆防治措施　本病一般不允许治疗，应就地扑杀，进行无害化处理。

一旦发生口蹄疫，应及时上报疫情，划定疫点、疫区和受威胁区，实施隔离和封锁措施，严格执行扑杀措施。

应严格执行检疫、消毒等预防措施。被污染的环境应严格、彻底消毒。

对疫区和受威胁区未发病动物进行紧急免疫接种；口蹄疫流行区应坚持免疫接种，一般应用与当地流行毒株同型的病毒灭活疫苗进行免疫接种。在本病的常发区、受威胁区，每隔6个月进行一次疫苗接种，O型、亚Ⅰ型、A型三种疫苗都要接种。为节省疫苗接种时间，三种疫苗可同时接种。羊出生后4~5个月进行初免，以后每隔6个月免疫一次。

2. 绵羊痘

绵羊痘是由绵羊痘病毒引起的一种接触性传染病，呈流行性。它的特征是在全身皮肤、有时也在黏膜上出现典型的痘疹，病羊发热并有较高的死亡率。往往引起妊娠母羊流产，多数绵羊在发生严重的绵羊痘后即丧失生产力，使养羊业遭受到巨大的损失。

◆流行特点　主要通过呼吸道感染，也可经损伤的皮肤、黏膜侵入机体。仅发生于绵羊，而且羔羊比成年羊敏感，细毛羊比粗毛羊易感，妊娠母羊感染后易发生流产。主要发生于冬末春初。病羊、病毒携带羊及新鲜尸体均是传染源，特别是在痘疹成熟期、结痂期和脱痂期的病畜，传染力更强。

◆临床症状　典型病例病初精神沉郁，食欲不振，体温升高到41~42℃，脉搏和呼吸加快，结膜潮红，有浆液、黏液或脓性分泌物从鼻孔中流出。经1~4天后在全身皮肤无毛和少毛部位（如唇、鼻、颊部、眼周围、四肢和尾的内面、乳房、阴唇、阴囊及包皮等）相继出现红斑、丘疹（结节呈白色或淡红色）、水疱（中央凹陷呈脐状）、脓疱、结痂。非典型病例不呈现上述典型经过，常发展到丘疹期即终止，呈现良性经过，即所谓的“顿挫型”。有的病例发生继发感染，痘疱化脓、坏疽、恶臭，并形成较深的溃疡，常表现为恶性经过，病亡率可达20%～50%。

◆临床诊断　对典型病例可根据临床症状、病理变化和流行情况作出诊断。要注意与丘疹性湿疹、传染性脓疱、坏死性皮炎及螨病相区别。

◆防治措施　平时注意环境卫生，加强饲养管理，对羊痘常发区的羊只每年定期用羊痘疫苗免疫接种。发现疫情要及时封锁、隔离消毒，疫区内用疫苗预防接种，用羊痘鸡化毒苗每只0.5毫升尾根部皮下注射，免疫期为一年。

被污染的环境、用具等，应使用效果良好的消毒制剂进行彻底消毒，常用消毒剂有2%烧碱溶液、2%福尔马林溶液、30%草木灰水、10%～20%的石灰乳。待最后一只病羊痊愈后两个月，方可解除封锁。

3. 蓝舌病

羊蓝舌病又称“羊瘟”，是由库蠓传播的蓝舌病病毒引起的一种传染病。绵羊最易感染，山羊和牛次之。该病以发热、消瘦、白细胞减少、口唇肿胀及糜烂、鼻腔和胃肠黏膜的溃疡性炎症为特征。

◆流行特点　此病主要暴发于蚊、蠓大量活动的夏秋季节。易感动物对口腔途径感染有很强的抵抗力，发病动物的分泌物和排泄物内病毒含量极低，不会引起蓝舌病的传播，其产品如肉、奶、毛等也不会传播蓝舌病病毒。病毒血症期动物的精液具有感染性，受体母畜接受具有感染性的精液可发生感染。

◆临床症状　潜伏期为3～8天。病初体温升高到40.5～

41.5℃，稽留2~3天。在体温升高后不久，表现出厌食、精神沉郁、落群。上唇肿胀、水肿可延至面耳部，口流涎，口腔黏膜充血、呈青紫色，随即可显示唇、齿龈、颊、舌黏膜糜烂，致使吞咽困难。口腔黏膜受溃疡损伤，局部渗出血液，唾液呈红色。继发感染后可引起局部组织坏死，口腔恶臭。鼻流脓性分泌物，结痂后阻塞空气流通，可致呼吸困难和鼻鼾声。蹄冠和蹄叶发炎，出现跛行、膝行、卧地不动。病羊消瘦、衰弱、便秘或腹泻，有时下痢带血。早期出现白细胞减少症。病程一般为6~14天，6~8周后蹄部病变可恢复。发病率为30%~40%，病死率为20%~30%，高者达90%。多并发肺炎和胃肠炎而死亡。怀孕4~8周的母羊如用活疫苗或感染，其分娩的羔羊中约有20%发育畸形，如脑积水、小脑发育不足、脑回过多等。

◆病理变化　剖检表现为嘴唇、鼻及皮肤充血，全身皮肤呈弥散性发红，口腔出现糜烂和深红色区，舌、齿龈、硬腭、颊部黏膜发生水肿。绵羊的舌发绀如蓝舌头。瘤胃有暗红色区，表面上皮形成空泡变性和死亡。真皮充血、出血和水肿。肌肉出血，肌间有浆液和胶冻样浸润。重者皮肤毛囊周围出血，并有湿疹变化。蹄冠出现红色或红丝，深层充血、出血。心内外膜、心肌、呼吸道和泌尿道黏膜小点状出血。

◆临床诊断　根据本病多发生在媒介昆虫活动的季节，且病畜表现为体温升高、唾液增多、黏膜发炎、舌头发绀、口鼻肿胀、水肿、蹄冠炎和继发性肺炎等症状，可作出初步诊断。要注意与口蹄疫、传染性脓疱病进行鉴别诊断。

◆防治措施　因羊蓝舌病属于一类传染病，危害严重，一经发现疫情应即时上报有关部门。

动物若检出阳性，应扑杀、销毁处理。在疫区，应采取各种方法捕杀昆虫，减少蚊、蠓等传播媒介的数量。在疫区和受威胁区注射疫苗，这是预防该病的有效方法。

4. 羊传染性脓疱病

羊传染性脓疱病也称羊口疮，病原为传染性脓疱病病毒(或称为羊口疮病毒)，该病毒对外界有相当强的抵抗力，暴露于夏季阳光下病变干痂的传染性可达30～60天。本病主要危害羔羊，但也发生于育成羊和成年羊。其特征为口腔黏膜、唇部、面部、腿部和乳房部的皮肤形成丘疹、脓疱、溃疡和结成疣状厚痂。

◆流行特点　本病可发生于春季、夏季和秋季，感染羊以3～6月龄的羔羊发病最多，传染快，常群发。传染源为病羊和其他带毒动物。皮肤和黏膜的擦伤为主要感染途径。本病在羊群中可连续危害多年。

◆临床症状　潜伏期为4～7天。羔羊病变常在口角、唇部、鼻的附近、面部和口腔黏膜，成年羊的病变部位多见于上唇、颊部、蹄冠部和趾间隙以及乳房的皮肤。病羊在唇、颊、舌、齿龈、软腭及硬腭上产生被红晕包围的水疱，水疱迅速变成脓疱，脓疱破裂形成烂斑。口中流出发臭的混浊唾液。公羊阴鞘和阴茎肿胀，出现脓疱和溃疡。严重病例，特别是有继发感染和病羊体质衰竭时，在肺脏、肝脏等器官上，可能有类似坏死杆菌感染所引起的病变。有的病羊蹄部患病（一般只发生在绵羊），在蹄叉、蹄冠、膝部发生脓疱及溃疡。

◆临床诊断　根据流行病学特点和典型临床症状可作出初步诊断，但要注意与羊痘、溃疡性皮炎、羊坏死杆菌病、蓝舌病等类似病症进行鉴别。

◆预防

①保持环境清洁。

②对新引进的羊只做好检疫，同时应隔离观察。

③发现病羊及时隔离治疗，被污染的饲草应烧毁，圈舍、用具可用2%氢氧化钠溶液或10%石灰乳或20%热草木灰水消毒。

◆治疗

①用0.2%～0.3%高锰酸钾溶液冲洗创面或用浸有5%硫酸铜溶液的棉球擦掉溃疡面上的污物，再涂以2%龙胆紫溶液或土霉素软膏，每日1～2次。

②蹄部病患可将蹄部置于5%福尔马林溶液中浸泡1～2分钟，连泡3次。也可用3%龙胆紫溶液或土霉素软膏涂拭患部。

5. 羊链球菌病

羊链球菌病，即羊败血性链球菌病，是由C群链球菌兽疫亚种引起的一种急性热性传染病，因病羊的咽喉大多肿胀，故链球菌病俗称嗓喉病。其临床特征主要是下颌淋巴结与咽喉肿胀，其主要特征为全身性的出血性败血症、卡他性肺炎、纤维素性胸膜肺炎、胆囊肿大和化脓性脑脊髓膜炎等。

◆流行特点　羊链球菌病主要发生于绵羊，山羊次之。主要通过呼吸道传染，其次是消化道和损伤的皮肤。多发于冬春寒冷季节（每年11月至次年4月），气候严寒和剧变以及营养不良等因素均可诱导发病，发病不分年龄、性别和品种。

◆临床症状　潜伏期为3～10天。病程短，一般为2～4天，最急性者24小时内死亡，症状不易发现。病羊体温升至41℃，呼吸困难，精神不振，反刍停止，口流涎水，鼻孔流浆性、脓性分泌物，结膜充血，常见流出脓性分泌物，粪便松软，带有黏液或血液。有时可见眼睑、嘴唇、面颊及乳房部位肿胀，咽喉部及下颌淋巴结肿大。孕羊阴户红肿，可发生流产。病死前常有磨牙、呻吟及抽搐现象。个别的羊有神经症状。急性者多数因窒息死亡。

◆临床诊断 根据流行病学特点和典型临床症状可作出初步诊断，但要注意与羊炭疽、羊梭菌性疾病（羊快疫、羊肠毒血症等）和羊巴氏杆菌病等类似病症进行鉴别。

◆预防

①加强饲养管理，抓膘、保膘，做好防寒保暖工作。

②每年秋季用羊链球菌氢氧化铝甲醛疫苗进行预防接种，每只羊要注射 3 毫升，3 月龄以下羔羊 3 周后重复接种 1 次。接种后 14 ~ 21 天产生免疫力，免疫期可维持 6 个月以上。

③发病后，要分别对病羊和可疑羊隔离治疗，场地、器具等用 10% 石灰乳或 3% 来苏儿严格消毒，羊粪及污物等堆积发酵。

◆治疗 患病早期应用青霉素等药物进行治疗，剂量为每次 80 万 ~ 160 万单位，肌肉注射，每天 2 次，连用 2 ~ 3 天；也可用羊链球菌血清进行治疗。

6. 羊坏死杆菌病

羊坏死杆菌病是由坏死杆菌引起的一种羊的慢性传染病。在临床上表现为皮肤、皮下组织和消化道黏膜的坏死，有时在其他脏器上形成转移性坏死灶。

◆流行特点 坏死杆菌在自然界分布很广，动物的粪便、死水坑、沼泽和土壤中均可存在，通过擦伤的皮肤和黏膜而感染，呈散发性或地方性流行。

◆临床症状 绵羊患坏死杆菌病常侵害蹄部，引起腐蹄病。随病变发展，可波及腱、韧带和关节，有时蹄匣脱落。羔羊可发生唇疮，在鼻、唇、眼部甚至口腔发生结节和水疱，随后形成棕色痂块。轻症病例能很快恢复，重症病例若治疗不及时，往往由于内脏形成转移性坏死灶或因继发性感染而死亡。

◆预防　加强管理，保持羊圈干燥，避免发生外伤，如发生外伤，应及时涂擦碘酊。

◆治疗　对羊腐蹄病的治疗，首先要清除坏死组织，用3%来苏儿或1%高锰酸钾溶液脚浴，然后用抗生素软膏涂抹，并结合肌肉注射青霉素和链霉素；当发生转移性病灶时，应进行全身治疗，以注射磺胺嘧啶或土霉素效果最好，连用5日，并配合应用强心和解毒药，可促进康复。

7. 羊快疫

羊快疫是由腐败梭菌引起的一种羊的急性传染病，本病经消化道感染，主要发生于绵羊，山羊少发。发病突然，病程极短。其特征为真胃出血性、炎性损害。

◆流行特点　本病一年四季均可发生，特别是秋冬和初春，气候骤变、阴雨连绵之际发病较多。一般发病羊多为6~24月龄营养较好的绵羊。腐败梭菌常以芽孢的形式广泛存在于自然界中，当羊只采食了被腐败梭菌污染的饲草、饲料和饮水时，芽孢就经口进入消化道，在气候突变、饲养管理条件下降和机体抵抗能力降低等因素的诱导下，腐败梭菌即大量繁殖，产生多种外毒素，损害消化道黏膜，使其发炎、出血、坏死，而后进入血液，刺激中枢神经系统，引起急性休克，患羊迅速死亡。

◆临床症状　病羊突然发病，没有任何症状倒地死亡，病程稍缓者表现为离群独处，食欲废绝，卧地，不愿走动，运动失调，有的腹部膨胀，有腹痛、腹泻、磨牙、抽搐等症状。一般体温不高，有的可升高到41℃。口内流出带血色的泡沫，排粪困难，粪便杂有黏液或黏膜间带血丝，病羊最后极度衰竭昏迷，数分钟或几小时后死亡。

◆病理变化　表现为腹内膨胀，口腔、鼻腔和肛门黏膜呈蓝紫色并常有出血斑点，真胃出血性炎症变化显著，尤其是胃底部及幽门附近黏膜常有大小不等的出血斑块和坏死灶。黏膜下组织水肿，胸腔、腹腔、心包有大量积液，暴露于空气中易凝固。肝脏肿大呈土黄色，肺脏淤血、水肿，全身淋巴结，特别是咽部淋巴结肿大、充血、出血。

◆临床诊断　一般可根据流行病学资料和特征性的病理变化，如出血性真胃炎，进行初步诊断，应注意与羊肠毒血症、羊黑疫和羊炭疽等类似病症相区别。

◆预防

①本病常发地区，每年定期注射羊快疫、羊猝狙、羊肠毒血症三联菌苗或羊快疫、羊猝狙、羊肠毒血症、羔羊痢疾、羊黑疫五联菌苗，羊只不论大小，一律皮下或肌肉注射 5 毫升，接种后两周产生免疫力，保护期为半年。

②及时隔离病羊，对病死羊严禁剥皮利用，尸体及排泄物应深埋；被污染的圈舍和场地、用具用3%烧碱溶液或20%漂白粉溶液消毒。

③对病羊的同群羊进行紧急预防接种。

◆治疗　由于本病病程短促，往往来不及治疗，因此，必须加强平时的防疫措施；对病程较长的病例可给予对症治疗，使用强心剂、肠道消毒药、抗菌素及磺胺类药物。可肌肉注射青霉素，每次 80 万 ~160 万单位，首次剂量加倍，每天 3 次，连用 3 ~4天。或按每千克体重 0. 2 克口服磺胺脒，第二天减半，连用 3 ~4 天。必要时可将 10 毫升 10% 安钠咖加入 500 ~1 000 毫升 5% ~10% 葡萄糖溶液中，静脉滴注。

8. 羊肠毒血症

羊肠毒血症是由D型产气荚膜梭菌在羊肠道内迅速繁殖，产生大量毒素而引起的一种急性毒血症，为羊的一种急性非接触性传染病，绵羊较多发生。因本病死亡的羊，肾脏呈软泥状，因此又称“软肾病”。

◆流行特点　羊只饮食被D型产气荚膜梭菌污染的水或饲草后经消化道感染。2～12月龄的绵羊最易发病，尤以3～12周的幼龄羊和肥胖羊较为严重，山羊较少发生。多为散发，在一个疫群内的流行时间多为30～50天。

◆临床症状　潜伏期短，多数突然死亡。体温一般不高，食欲废绝、腹胀、腹痛、全身颤抖、头颈向后弯曲、转圈、口鼻流沫，眼球转动，磨牙，口水过多，排出黄褐色或血红色水样粪便，数分钟后至几小时内死亡。病程略长的早期步态不稳，卧倒，并有感觉过敏、流涎、角膜反射消失；有的病羊发生腹泻，3～4小时内静静死去。

◆病理变化　尸体臌胀，胃肠充满气体和液体，真胃内有未消化的饲料，肠道特别是小肠黏膜充血、出血，严重的整个肠壁呈红色或溃疡，肾变软如泥，犹如脑髓样，肝肿大、质脆，胆囊充盈肿大2～3倍，全身淋巴结肿大。肺脏出血、水肿，体腔积液，心脏扩张，心内、外膜有出血点。

◆临床诊断　软肾为本病的特征性病理变化。此外根据羊肠毒血症的病程短和流行病学等特点及细菌涂片检查，即可作出初步诊断。要注意与羊炭疽、羊巴氏杆菌病、羔羊大肠杆菌病及羊快疫进行鉴别。

◆预防　参照羊快疫或定期注射（每年春、秋）羊肠毒血症菌苗。在羊群出现病例较多时，对未发病羊只可内服10% ~ 20%石灰乳500 ~ 1 000毫升进行预防。

◆治疗

①病羊注射羊肠毒血症高免血清30毫升。

②应用青霉素20万单位和链霉素1 000毫克（每隔4 ~ 6小时肌肉注射1次）进行治疗，第一次用药量加倍，直到治愈后12 ~ 18小时为止。

③根据羊的大小，一次灌服10 ~ 20克磺胺脒，每日1次。

④一次灌服0.5%高锰酸钾溶液200 ~ 250毫升可对肠道内的产气荚膜梭菌有抑制生长和杀灭作用。

9. 羊猝狙

羊猝狙是由C型产气荚膜梭菌引起的一种急性传染病，山羊较少发生，临床上以腹膜炎、溃疡性肠炎和急性死亡为特征。

◆流行特点　发生于成年绵羊，以1 ~ 2岁绵羊发病较多。常见于低洼、沼泽的湿地牧场，多发生于冬春季节，同时内寄生虫也是一个重要的诱发因素。本病为散发或呈地方性流行，主要经消化道感染。

◆临床症状　C型产气荚膜梭菌随饲草和饮水进入消化道，在十二指肠和空肠内繁殖，产生毒素，引起羊只发病。病程一般为3 ~ 6小时，往往未见到症状即死亡（羔羊的痉挛发作较成年羊明显）。也有在出现不安症状之后再转为昏迷而死亡的。死亡是由于毒素侵害与生命有关的神经元而发生休克所致。

◆病理变化　主要见于消化系统。十二指肠和空肠严重充血、糜烂，有的可见大小不等的溃疡。胸腔、腹腔和心包大量积液，暴露于空气中可形成纤维素絮块。肾肿大。死亡前8小时内，由于病原菌在肌肉和其他一些器官内继续繁殖并引起病变，肌肉间隔积聚血样液体，有气性裂孔，骨骼肌的这种变化与黑腿病的病变十分相似。

◆临床诊断　根据成年绵羊突然发病死亡，剖检可见十二指肠和空肠严重充血、糜烂，体腔和心包积液等临床症状、病理剖检结果及流行病学特点可作初步诊断。应注意与其他羊快疫类疾病、羊炭疽、羊巴氏杆菌病等类似病症进行鉴别。

◆防治措施

参照羊快疫和羊肠毒血症的防治措施。

10. 羔羊梭菌性痢疾

简称为羔羊痢疾，是由 B 型产气荚膜梭菌引起的初生羔羊的急性毒血症。以剧烈腹泻和小肠发生溃疡为特征。本病经常使羔羊发生大批量的死亡。

◆流行特点　本病主要危害 7 日龄以内的羔羊，其中又以 2～3日龄的发病较多。导致羔羊痢疾发生的不良诱因主要是母羊怀孕期营养不良，羔羊体质瘦弱，气候寒冷或变化较大的月份发病最为严重。

◆临床症状　潜伏期为 1～2 天，病初羊只精神委靡，不久发生腹泻，粪便稀薄，后期出现血便。有的腹胀但不下痢，或只排少量稀粪，有时带血，表现出神经症状、四肢瘫软、体温降至常温以下，常在数小时至十几小时内死亡。

◆病理变化　尸体严重脱水。第四胃内常有未消化的凝乳块，黏膜充血，常可见直径为 1～2 毫米的溃疡。肠系膜淋巴结肿胀，出血。心包积液，心内膜有时有出血点。肺常有充血区域或瘀斑。

◆临床诊断　根据本病主要危害1周龄以内的绵羔羊、临床症状及病理变化等特征即可作出初步诊断。要注意与沙门氏菌病、大肠杆菌病等类似病症进行鉴别。

◆预防　母畜每年秋季注射羊快疫、羊猝狙、羊肠毒血症、羔羊痢疾、羊黑疫五联菌苗，产前2~3周再免疫1次。

◆治疗

①土霉素0.2~0.3克加胃蛋白酶0.2~0.3克加水灌服，每日2次，连服2~3天。

②0.1%高锰酸钾溶液10~20毫升灌服，每日2次。

③磺胺脒0.5克、鞣酸蛋白0.2克、次硝酸铋0.2克、重碳酸钠0.2克，或加呋喃唑酮0.1~0.2克，混合后加水灌服，每日3次。

④针对其他症状，对症治疗。

羔羊出生后12小时内，灌服土霉素0.15~0.2克，每日1次，连服3天，有一定的预防效果。

11. 羊黑疫

羊黑疫又称传染性坏死性肝炎，是由B型诺维氏梭菌引起的山羊和绵羊的一种急性高致死性毒血症。本病以肝脏实质的坏死病灶、高度致死性毒血症为特征。

◆流行特点　本病主要在春夏季肝片吸虫流行时发生。诺维氏梭菌广泛存在于土壤中，当羊采食被此菌芽孢污染的饲料、饲草后，芽孢由肠道壁进入肝脏，当羊感染肝片吸虫后，发生毒血症，导致休克而死亡。因此，本病的发生与肝片吸虫的感染密切相关。本菌可感染1岁以上的绵羊和山羊，2~4岁的羊发病最多，牛偶尔也可感染。

◆临床症状　病羊表现的临床症状与羊快疫和羊肠毒血症极为相似。病程急促，绝大多数未见症状即突然死亡。少数病例病程可拖延 1～2 天，但最多不会超过 3 天。病羊在放牧时落群、食欲废绝、精神沉郁、呼吸困难、反刍停止，体温在 41.5℃左右，呈昏睡俯卧，并保持这种状态至死亡。

◆病理变化　尸体皮下静脉显著充血，致使羊的皮肤呈暗黑色，胸腹腔和心包大量积液，真胃幽门部和小肠充血、出血。肝脏充血、肿胀，表面可见到或摸到多个坏死灶，坏死灶的界限明显，呈灰黄色、不整圆形，周围常见一鲜红色的充血带围绕，坏死灶直径可达 2～3 厘米，切面呈半圆形，其中偶见肝片吸虫幼虫。

◆临床诊断　根据流行病学特点、典型症状及剖检变化可作出初步诊断。要注意与羊快疫、羊肠毒血症及羊炭疽等类似疾病进行鉴别。

◆预防

①本病的流行区应搞好肝片吸虫的防治工作。

②每年春秋两季定期注射羊快疫、羊肠毒血症、羊猝狙、羔羊痢疾和羊黑疫五联菌苗，保护期可达半年。

◆治疗

①当羊群发病时，应将羊群移至干燥地区，同时可皮下或肌肉注射抗诺维氏梭菌抗血清（1 500 单位/毫升）进行预防，每只羊 10～15 毫升。

②病程稍缓的病羊，可肌肉注射 80 万～160 万单位的青霉素，每日 2 次，连续 3 天。

③在发病早期，也可用抗诺维氏梭菌抗血清进行静脉或肌肉注射，每次 50～80 毫升，必要时可重复用药 1 次。

12. 附红细胞体病

附红细胞体病是由附红细胞体引起的热性、溶血性人畜共患的传染病，主要由吸血昆虫传播。其病原为附红细胞体，该病原能够寄生于多种动物的红细胞或血浆中，对低温抵抗力较强。本病主要特征是黄疸性贫血和发热，严重时导致死亡。

◆流行特点　本病主要危害断奶后的羔羊，可通过吸血昆虫叮咬、胎盘的垂直传播等方式传播。主要发生于温暖的季节，特别是外寄生虫（如蜱、螨、虱、蚊、蝇）活动的季节。

◆临床症状　病初体温升高（达 40～40.7℃），精神沉郁、消瘦、贫血，可视黏膜苍白、黄疸和呼吸困难。后期乏力、严重黄疸。可能出现末端发绀，如耳朵发紫等。最后体温下降，痛苦呻吟而死。孕羊时常出现流产。

◆病理变化　表现为全身肌肉消瘦、色淡，肝黄红色，脾显著肿大，肺有小出血点，肾脏内由于含铁血黄素沉着，髓质呈粉红色，皮质呈暗黑色，淋巴结水肿，血凝不全，瘤胃轻度积食。有时有腹水、心包积液。

◆临床诊断　根据临床症状特点及用抗菌素治疗无效的事实，可以作出初步诊断。要注意与羊的泰勒虫病、巴贝斯虫病进行鉴别。

◆预防

①采用血涂片检查方法对新引入的羊只进行检查，只有未感染的羊才能引入。

②通过药浴方法控制蜱、螨、虱、蚊、蝇等外寄生虫。

◆治疗

①用血虫净按每千克体重 3～5 毫克进行肌肉注射，1 天

1次，连续使用2~4天。

②肌肉注射长效土霉素，按每千克体重10毫克使用，连续使用2~3天。

13. 羊放线菌病

羊放线菌病由牛放线菌和林氏放线杆菌引起的一类慢性传染病，牛最常见，绵羊及山羊较少，但牛与绵羊、山羊可以互相传染。本病的特征是头部、皮下及皮下淋巴结呈现脓肿性的结缔组织肿胀，形成放线菌肿。

◆流行特点　本菌常存在于污染的饲料和饮水中，当健康羊的口腔黏膜损伤后，细菌即由伤口侵入软组织，如舌、唇、齿龈、腭及附近淋巴结。有时损害到喉、食道、瘤胃、肝、肺及浆膜。本病为散发性，很少呈流行性。

◆临床症状　常见下颌骨肿大，肿胀发展缓慢，最初的症状是下唇和面部的其他部位增厚，随后唇部、头下方及颈部发肿，形成单个或多个的坚硬结节。有些病区由于脓肿破裂，形成瘘管，未破的病灶均为纤维组织，很坚固。病羊不能采食，消瘦，衰弱。乳房患病时，呈弥漫性肿大或有局灶性硬结。

◆临床诊断　根据特征性的临床症状及流行病学特点可作出诊断。应注意与羊口疮、豆渣样淋巴结炎、结核病以及普通化脓菌所引起的脓肿等类似症状相区别。

◆预防

①因为粗硬的饲料可以损伤口腔黏膜，促进放线菌的侵入，所以喂料时应将蒿秆、谷糠和其他粗饲料浸软后再喂。

②注意饲料及饮水卫生，避免到低洼潮湿地区放牧。

◆治疗

①碘剂治疗。静脉注射10%碘化钠溶液，并经常给病区涂抹碘酒。也可内服碘化钾，每天1~3克，连用2~3周。

②手术治疗。对于较大的脓肿，用手术切开排脓，然后给伤口内塞入碘酒纱布，1~2日更换1次，直到伤口完全愈合为止。

③抗菌素治疗。给患部周围注射1 000毫克的硫酸链霉素，每日1次，连续5日为1疗程。

④将链霉素与碘化钾联用，效果更佳。

14. 结核病

结核病是由结核分枝杆菌引起的人、畜共患慢性传染病，病羊以多种组织器官形成的肉芽肿和干酪样、钙化的结节为特征。

◆流行特点　本病可侵害多种动物。在家畜中牛最易感，羊少发。结核病患畜是本病的传染源。本病主要通过呼吸道和消化道感染，也有可能通过交配感染。结核杆菌侵入机体后，细菌经淋巴管向其他一些淋巴结扩散，形成继发性病灶。如果疾病继续发展，细菌进入血流、散布全身，可引起其他组织器官的结核病灶或全身性结核。

◆临床症状　病羊体温多在正常范围内，有时稍有升高，消瘦，被毛干燥，精神不振，多为慢性经过，临床症状不明显。当患肺结核时，病羊咳嗽，听诊肺部有干啰音，流黏脓性鼻液；当乳房被感染时，乳房硬化，乳房和乳上淋巴结肿大；当患肠结核时，病羊有持续性消化机能障碍，便秘、腹泻或轻度胀气。绵羊结核病多见于肺和胸部淋巴结，肝和脾结核病灶亦常发生。死于结核病的羊主要病变为在肺脏和其他器官以及浆膜上形成特异性结节和干酪样坏死灶。

◆临床诊断　当羊只发生不明原因的渐进性消瘦、咳嗽、肺部异常、慢性乳腺炎、顽固性下痢、体表淋巴结慢性肿胀时，可作为疑似本病的依据，但仅根据临床症状很难确诊；通过剖检在死亡病畜体内发现特异性结核病变，不难作出诊断。用结核菌素作变态反应对畜群进行检疫，是诊断本病的主要方法。具体做法为：用稀释的牛型和禽型两种结核菌素同时分别皮内接种 0.1 毫升，72 小时内若局部有明显的炎症反应，皮厚差在 4 毫米以上者即可判定为阳性。

◆防治措施　主要采取综合性防疫措施，防止疾病传染，净化污染群，培育健康畜群。平时加强防疫、检疫和消毒措施。

本病一般不主张治疗，对阳性病羊应全部淘汰。

15. 羊布氏杆菌病

羊布氏杆菌病是由布氏杆菌引起的以流产为特征的一种慢性接触性传染病。特征是生殖器官和胎膜发炎、流产、不育和各种组织的局部病灶。

◆流行特点　本病的传染源是病畜及带菌动物。受感染的妊娠母畜在流产或分娩时将大量布氏杆菌随胎儿、羊水和胎衣排出，而且流产后的阴道分泌物和乳汁中都含有该菌。主要传播途径为消化道、生殖器官、眼结膜和损伤的皮肤。

◆临床症状　症状轻微，不显任何症状，首先发现的就是流产。流产多发生在妊娠 3 ~4 个月时。有关节炎时表现跛行。有的会伴发乳房炎。而公畜多发睾丸炎和附睾炎。剖检可见胎衣部分或全部呈黄色胶样浸润，其中有部分附有纤维蛋白或脓液，胎衣增厚并有出血点；流产胎儿主要为败血症病变，浆膜与黏膜有出血点与出血斑，脾脏和淋巴结肿大，肝脏出现坏死灶。

◆临床诊断　根据流行病学特点，流产、胎儿胎衣的病理变化、胎衣滞留以及不育等可作出初步诊断。但要注意与弓形虫病、衣原体病等以流产为主要特征的疾病相区分。

◆防治措施　本病一般不进行治疗，而采取检疫、淘汰、免疫接种相结合的措施进行预防。

①应采取“预防为主”的方针。引进种畜时必须严格检疫；对净化的畜群要定期检疫，患病的家畜应全部淘汰，消灭传染源；若发现流产，应马上隔离流产畜，清理流产胎儿、胎衣，对环境进行彻底的消毒，并尽快作出诊断。

②疫苗接种是控制本病的有效措施。我国选育的猪布氏杆菌2号弱毒苗和马耳他布氏杆菌5号弱毒苗（简称羊型5号苗）对山羊、绵羊都有较好的免疫效力，可用于预防该病。

③严格执行产地检疫，未经检疫，不得运输和屠宰。

16. 羊副结核病

羊副结核病又称羊副结核性肠炎，是一种慢性接触性传染病。临床特征为顽固性腹泻、进行性消瘦、肠黏膜增厚并形成皱襞。该病的病原为副结核分枝杆菌。

◆流行特点　副结核分枝杆菌主要存在于病畜的肠道黏膜和肠系膜淋巴结，通过粪便排出，污染饲料、饮水等，经消化道感染健康家畜。幼龄羊的易感性较大。本病散播较慢，各个病例的出现往往间隔较长时间，因此从表面上似呈散发性，实质为地方性流行。

◆临床症状　副结核分枝杆菌侵入肠道后在肠黏膜和黏膜下层繁殖，引起肠道损害。病羊间断性或持续性腹泻，粪便呈稀粥状，无明显体温反应；患羊起初仍见保持食欲，以后有所减退。发病数月后，病羊消瘦、衰弱、脱毛、卧地，患病末期可并发肺炎。感染羊群的发病率为1%～10%。多数归于死亡。

◆临床诊断　根据病羊特殊的病理变化、持续泄泻和慢性消耗等症状可作出初步诊断。对于症状不明显的病羊，可用副结核菌素或禽型结核菌素0.1毫升，注射于尾根皱皮内或颈中部皮内，经48～72小时，观察注射部的反应，局部发红肿胀的，可判为阳性。应注意与胃肠道寄生虫病、营养不良、沙门氏菌病等类似病症进行鉴别。

◆防治措施　羊副结核病无治疗价值。发病后的预防措施包括：病羊群，用变态反应每年检疫4次；对出现临床症状或变态反应阳性的病羊，及时淘汰。

17. 羊炭疽

炭疽是由炭疽杆菌引起的人畜共患的急性、热性、败血性传染病。羊炭疽多为急性发病，病羊兴奋不安，行走摇晃，呼吸困难，黏膜发绀，全身战栗，突然倒地死亡，天然孔出血。本病世界各地均有发生。

◆流行特点　各种家畜及人对该病都有易感性，羊的易感性高，病羊是主要传染源，濒死病羊体内及其排泄物中常有大量菌体，若尸体处理不当，炭疽杆菌形成芽孢并污染土壤、水源、牧地，则可形成长久的疫源地。羊吃了污染的饲料和饮用污染的水即被感染。多发于夏季，呈散发性或地方性流行。

◆临床症状　本病潜伏期一般为1～5天，多为最急性，突然发病，患羊昏迷，眩晕，摇摆，倒地，呼吸困难，结膜发绀，全身战栗，磨牙，口、鼻流出血色泡沫，肛门、阴门等天然孔流出血液，且不易凝固，数分钟内即可死亡，尸体长时间不僵直。羊病情缓和时，兴奋不安，行走摇摆，呼吸加快，心跳加速，黏膜发绀，后期全身痉挛，天然孔出血，数小时内即可死亡。外观可见尸体迅速腐败而极度膨胀，天然孔流血，血液呈煤焦油样，凝固不良，可视黏膜发绀或有点状出血。

◆临床诊断　根据症状可作出初步诊断。凡怀疑死于炭疽病的羊，均禁止剖检，以防污染环境。应注意与羊快疫、羊肠毒血症、羊猝狙、羊黑疫等类似病症进行鉴别。

◆预防

①在发生过炭疽病的地区，每年要对羊接种 1 次Ⅱ号炭疽芽孢菌苗 1 毫升。春季可对新引进的羊或新生的羔羊补种。

②炭疽病的主要传染源是病畜，所以有炭疽病例发生时，应及时隔离病羊，对污染的羊舍、用具及地面要彻底消毒，可用 10% 热碱水或 2% 漂白粉溶液连续消毒 3 次，每次间隔 1 小时。病羊群除去病羊后，全群用抗菌药 3 天，有一定预防作用。

③患炭疽病死亡的羊，严禁剥皮或剖检。尸体要深埋，住过病羊的羊舍及用具要用 10% ~30% 漂白粉溶液或 10% 石炭酸溶液彻底消毒。

◆治疗　若病羊为优良品种确需治疗时，可在隔离条件下试用青霉素、土霉素治疗。

18. 破伤风

破伤风是由破伤风梭菌经伤口感染而引起的急性、中毒性传染病。羊发病时肌肉发生僵硬，出现身体躯干强直症状。临床主要表现为骨骼肌持续痉挛和对刺激反射兴奋性增高。

◆流行特点　破伤风梭菌在自然界中广泛存在。羊经创伤感染破伤风梭菌后，病原体在创伤内生长繁殖产生毒素，刺激中枢神经系统而发病。常见于外伤、阉割、断尾和分娩断脐带等消毒不严而感染。有不少病例往往找不出创伤，可能是在破伤风潜伏期中创伤已经愈合，也可能是经胃肠黏膜的损伤而感染的。该病以散发形式出现。

◆临床症状　潜伏期1~2周，最短的1天。成年羊病初症状不明显，到病的中、后期才出现特征性症状，表现为四肢逐渐僵硬，高跷步态，开口困难到牙关紧闭，流涎，瞬膜外露，瘤胃臌胀，角弓反张等。病羊易惊，但奔跑中常摔倒，摔倒后四肢仍呈“木马样”开叉，急于爬起，但无法站立。体温一般正常，死前可升高至42℃。本病无特征性有诊断价值的病理变化。

◆临床诊断　根据病羊的创伤史和特征性的临床症状不难作出诊断。

◆预防

①发生外伤时，应立即用碘酒消毒。阉割羊或处理羔羊脐带时，也要严格消毒。

②羔羊的预防则以母羊妊娠后期注射破伤风抗毒素较为适宜。

◆治疗

①创伤处理：对感染创伤进行有效的防腐消毒处理，彻底排除脓汁、异物、坏死组织及痂皮等，并用消毒药物（3%过氧化氢溶液、2%高锰酸钾溶液或5%~10%碘酊）消毒创面，并在创伤周围注射80万单位青霉素和500毫克的硫酸链霉素，以清除破伤风毒素来源。

②注射抗破伤风血清：早期应用抗破伤风血清（破伤风抗毒素），可一次用足量（20万~80万单位），也可将总用量分2~3次注射，皮下、肌肉或静脉注射均可，破伤风血清在体内可保留2周。

19. 羊衣原体病

羊衣原体病是由鹦鹉热衣原体引起的绵羊、山羊的一种传染病。在疾病流行期，也见部分羊表现多发性关节炎、结膜炎等疾患。

◆流行特点　许多野生动物和禽类是本菌的自然储存宿主。患病动物和带菌动物为主要传染源，可通过粪便、尿液、乳汁、泪液、鼻分泌物以及流产的胎儿、胎衣、羊水等排出病原体，污染水源、饲料及环境。本病主要经呼吸道、消化道及损伤的皮肤、黏膜感染；也可通过交配或用患病公畜的精液人工授精发生感染，子宫内感染也有可能；蜱、螨等吸血昆虫叮咬也可能传播本病。

◆临床症状　羊衣原体病的潜伏期一般为2～3个月。病羊最突出的症状是流产、死胎或娩出弱羔。通常是在产前1个月左右流产。母羊流产后胎衣常常难以排出，并且不断流出炎性坏死物，且易伴有其他细菌性继发感染而发生子宫内膜炎。此时临床上可见发热、精神委顿与食欲减退等症状。流产出来的多为死胎。羔羊感染衣原体可出现关节炎。动物体温升高，跛行，体重增长缓慢。有的则有眼结膜炎，并可因此导致眼结膜溃疡和穿孔。

◆病理变化　流产病羊的胎膜周围有棕色液体，胎儿全身各器官组织充血、出血和水肿。有关节炎的病羊关节囊扩大，囊内有血性积液，滑膜上见纤维素性渗出物覆盖。在本病流行的羊群中，可见公羊患有睾丸炎、附睾炎等疾病。部分病例可发生肺炎、肠炎等疾患。

◆临床诊断　根据流行病学资料，流产、死胎等典型临床症状及实体剖检病变可作出初步诊断，确诊需依据实验室检验结果。应注意与羊布氏杆菌病、弯杆菌病、羊沙门氏菌病等类似病症进行鉴别。

◆预防

①加强饲养卫生管理，消除诱发因素，防止寄生虫侵袭，增强羊群体质。

②羊流产衣原体油佐剂卵黄灭活苗能预防羊衣原体性流产。在羊怀孕前或怀孕后1个月内皮下注射，每只3毫升，免疫期达1年。

③发生本病时，流产母羊及所产弱羔应及时隔离。流产胎盘、产出的死羔应予以销毁。污染的羊舍、场地等环境用2%氢氧化钠溶液、2%来苏儿等进行彻底消毒。

◆治疗　肌肉注射青霉素，每次80万~160万单位，1天2次，连用3天；也可将四环素族抗生素混于饲料中喂给，连用1~2周；结膜炎患羊可用土霉素软膏点眼治疗。

20. 羊狂犬病

狂犬病俗称“疯狗病”，是由狂犬病病毒引起的多种动物共患的急性接触性传染病。本病以神经调节障碍、反射兴奋性增高、狂躁不安、意识紊乱为特征，发病动物最终发生麻痹而死亡。

◆流行特点　本病以犬类易感性最高，羊和多种家畜及野生动物均可感染发病，人也可感染。传染源主要是患病动物以及潜伏期带毒动物，患病动物主要经唾液腺排出病毒，以咬伤为主要传播途径，也可经损伤的皮肤、黏膜感染。本病一般呈散发性流行，一年四季都有发生，但以春末夏初多见。

◆临床症状　潜伏期的长短与感染部位有关，最短8天，长的达1年以上。本病在临床上分为狂暴型和沉郁型两种。狂暴型病畜起初精神沉郁，反刍减少，食欲降低，不久起卧不安，出现兴奋性和攻击性动作，冲撞墙壁，磨牙流涎，性欲亢进，攻击人、畜等。患病动物常舔咬伤口，使之经久不愈，后期发生麻痹，卧地不起，衰竭而死。沉郁型病例多无兴奋期或兴奋期短，很快转入麻痹期，出现喉头、下颌、后躯麻痹，流涎，张口、吞咽困难，最终卧地不起而死亡。尸体常无特异性变化，病尸消瘦，一般有咬伤、裂伤，口腔黏膜、咽喉黏膜充血、糜烂。组织学检查有非化脓性脑炎，可在神经细胞的胞浆内检出嗜酸性包涵体。

◆临床诊断　羊的狂犬病主要依靠实验室检验才能作出确诊。应注意与日本乙型脑炎、伪狂犬病等类似病症相区别。

◆预防

①扑杀野犬、病犬，加强犬类管理，养犬须登记注册，并进行免疫接种。

②加强检疫，检出阳性动物就地扑杀销毁。

③疫区和受威胁区的羊只以及其他动物用狂犬病弱毒疫苗进行免疫接种。

◆治疗　目前尚无对狂犬病病毒有效的药物，治疗主要是对外伤进行的。当人和家畜被患有狂犬病的动物或可疑动物咬伤时，迅速用清水或肥皂水冲洗伤口，再用碘酊、酒精溶液等消毒防腐处理，并用狂犬病疫苗进行紧急免疫接种。有条件时可用狂犬病免疫血清进行预防注射。

21. 羊李氏杆菌病

该病又称转圈病，是人、畜、禽共患的一种传染病。本病在幼羊中呈现败血症经过，较大的羊呈现脑膜炎或脑脊髓炎特征。临床表现为典型的转圈运动，孕羊发生流产。病原为单核细胞增多症李氏杆菌。

◆流行特点　本病易感动物广泛，其中绵羊易发。均可通过消化道、呼吸道及损伤的皮肤而感染。主要发生于冬季或早春。冬季缺乏青饲料、青贮饲料发酵不全、气候突变、有内寄生虫病或沙门氏菌感染等，可成为本病发生的诱因。本病发病率低，但病死率很高。

◆临床症状　病初体温升高到 40～41.6℃。病后的 2～3 天，多数病羊出现神经症状，病羊眼球突出，目光呆滞，视力障碍或完全失明，同时颈部、后头部及咬肌发生痉挛，头颈偏向一侧，常以头顶障碍物身体不动，或转圈倒地，后期则神志不清，角弓反张。一般经 3～7 天死亡；较大的羊病程可达 1～3 周。成年羊症状不明显。妊娠母羊常发生流产，羔羊常呈急性败血症死亡，病死率甚高。一般没有特殊的肉眼可见病变。有神经症状的病羊，脑及脑膜充血、水肿，脑脊液增多，稍浑浊。

◆临床诊断　根据流行病学、临床症状和病理变化，如特殊的神经症状、妊畜流产、血液中单核细胞增多，可作出初步诊断，但要注意与羊的脑包虫病、羊鼻蝇蛆病、羊莫尼茨绦虫病、伪狂犬病、猪传染性脑脊髓炎等相区别，此外，还应与有流产症状的其他疾病相区别。

◆预防

①平时注意清洁卫生和饲养管理。

②发病地区，应将病畜隔离治疗，病羊尸体要深埋，并用5%来苏儿对污染场地进行消毒。

◆治疗　早期大剂量应用磺胺类药物，或与抗生素并用，有良好的治疗效果。用 20% 磺胺嘧啶钠 5～10 毫升，氨苄青霉素按每千克体重 1 万～1.5 万单位，庆大霉素按每千克体重1 000～

1 500 单位三种药物联合使用进行肌肉注射，每日 2 次；病羊有神经症状时，可对症治疗。

22. 羊巴氏杆菌病

羊巴氏杆菌病是由多杀性巴氏杆菌所引起的急性病例，以败血症和炎性出血过程为主要特征。

◆流行特点　各种年龄段的羊都易感，当羊饲养在不卫生的环境中，由于寒冷、闷热、气候剧变、潮湿、拥挤、圈舍通风不良、阴雨连绵、营养缺乏、饲料突变、过度疲劳、长途运输、寄生虫病等诱因，使其抵抗力降低时，病菌即可乘机侵入体内。病畜由其排泄物、分泌物排出有毒力的病菌，污染饲料、饮水、用具，或经消化道、通过飞沫经呼吸道而传染，或通过吸血昆虫叮咬，或经皮肤、黏膜的创伤，传染给健康家畜而发生感染，本病的发生一般无明显的季节性，一般为散发性，有时也可能呈流行性。

◆临床症状　本病多发于幼龄绵羊和羔羊。病程可分为最急性、急性和慢性三种。最急性者，多见于哺乳羔羊，羔羊往往突然发病，呈现寒颤、虚弱、呼吸困难等症状，可于数分钟至数小时内死亡。急性者，精神沉郁，食欲废绝，体温升高至 41 ~ 42℃；呼吸急促，咳嗽、鼻孔常有出血，有时血液混杂于黏性分泌物中；眼结膜潮红，有黏性分泌物；初期便秘，后期腹泻，有时粪便全部变为血水；颈部、胸下部发生水肿；病羊常在严重腹泻后虚脱而死，病程为 2 ~ 5 天。慢性者，病程可达 3 周；病羊消瘦、流脓性鼻液、咳嗽、呼吸困难，有时颈部和胸下部发生水肿，有角膜炎，腹泻，粪便恶臭，临死前极度衰弱，四肢厥冷。

◆病理变化　在皮下有液体浸润和小点状出血，胸腔内有黄色渗出物，肺淤血、小点状出血和肝变，偶见有黄豆至胡桃大的化脓灶，胃肠道有出血性炎症，其他脏器呈水肿和淤血，间有小点状出血，但脾脏不肿大。皮下胶样浸润，常见纤维素性胸膜肺炎，肝有坏死灶。

◆临床诊断　根据流行病学材料、临床症状和剖检变化，结合对病畜的治疗效果，可对本病作出初步诊断，确诊有赖于细菌学检查。

◆预防

①平时应注意饲养管理，避免羊受寒。

②发生该病后，应将畜舍用5%漂白粉溶液或10%石灰乳彻底消毒，必要时用高免多价血清、抗血清或巴氏杆菌佐剂菌苗作紧急免疫接种，有一定疗效。

◆治疗　发现病羊和可疑病羊应立即进行隔离治疗。庆大霉素、四环素以及磺胺类药物都有良好的治疗效果。庆大霉素按每千克体重1 000～1 500单位肌肉注射，或20%磺胺嘧啶钠5～10毫升，每日2次，直到体温下降、食欲恢复为止。

23. 羔羊大肠杆菌病

羔羊大肠杆菌病俗称羔羊白痢，是由不同血清型的大肠杆菌引起的疾病，死亡率很高。主要是通过消化道感染。羔羊在接触病羊、不卫生的环境、吸吮母羊不干净的乳头时，均可感染。少部分通过子宫内感染或经脐带和损伤的皮肤感染。

◆流行特点　多发生于出生数日至6周龄的羔羊，有些地方3～8月龄的羊也有发生，呈地方性流行，也有散发的。该病的发生与气候不良、营养不足、场地潮湿污秽等有关，放牧季节很少发生，冬春舍饲期间常发；经消化道感染。

◆临床症状　本病潜伏期1~2天，分为败血型和下痢型两种。

①败血型。多发于2~6周龄的羔羊。病羊体温达41~42℃，精神沉郁，迅速虚脱，有轻微的腹泻或不腹泻，有的带有神经症状，运动失调、磨牙、视力障碍，也有的病例出现关节炎；多于发病后4~12小时死亡。

②下痢型。多发于2~8日龄的新生羔。病初体温略高，出现腹泻后体温下降，粪便呈半液体状，带气泡，有时混有血液，羔羊表现出腹痛，虚弱，严重脱水，不能起立；如不及时治疗，发病后24~36小时死亡；死亡率为15%~17%。

◆临床诊断　根据流行病学、症状和剖检病理变化检查结果等作出初步诊断；要作出确诊还需依靠实验室检验结果。要注意与B型产气荚膜梭菌引起的初生羔下痢进行鉴别。

◆预防

①对母羊加强饲养管理，做好母羊的抓膘、保膘工作，保证新产羔羊健壮、抗病力强。同时应注意羔羊的保暖。

②对污染的环境、用具要用3%~5%来苏儿消毒。

◆治疗

①患病羊可用土霉素进行治疗。按每千克体重20~50毫克口服，每日2~3次；或按每千克体重10~20毫克肌肉注射，每日2次。

②用磺胺甲基嘧啶治疗。将药片压成粉状加入奶中，使羔羊自己喝下，首次1.0克，以后每隔4~6小时服0.5克；或磺胺嘧啶钠5~10毫升，肌肉注射，每日2次。

③补液可用5%葡萄糖盐水每日20~100毫升静脉注射。

④如病情好转时，可用微生物制剂，如促菌生、调痢生、乳康生等，加速胃肠功能的恢复，但不能与抗生素同用。

24. 羊沙门氏菌病

羊沙门氏菌病又名副伤寒，主要是由羊流产沙门氏菌、鼠沙门氏菌和都柏林沙门氏菌引起的疾病。其中羊流产沙门氏菌属于宿主适应血清型细菌，羊是这种细菌的固定适应的宿主；发病羔羊以急性败血症和泻痢为主。

◆流行特点　该病可发生于不同年龄的羊，无季节性，传染以消化道为主，交配和其他途径也能感染；各种不良因素均可促进该病的发生。病羊和带菌者是本病的主要传染源。它们可由粪便、尿、乳汁以及流产的胎儿、胎衣和羊水排出病菌，污染水源和饲料等，经消化道感染健康羊。病羊与健康羊交配或用病公羊的精液人工授精均可发生感染。此外，子宫内感染也有可能。

◆临床症状本病据临床诊断表现可分为下痢型和流产型。

①下痢型。多见于15～30日龄的羔羊，体温升高至40～41℃，食欲减退，腹泻，排黏性带血稀粪，有恶臭；精神委顿，虚弱、低头、拱背，继而倒地，经1～5天死亡。发病率约30%，病死率约25%。剖检变化主要表现为尸体消瘦，真胃与小肠黏膜充血，肠道内容物稀薄如水，肠系膜淋巴结水肿、脾脏充血、肾脏皮质部与心外膜有出血点。流产、死胎或生后1周内死亡的羔羊表现为败血症病变，组织水肿、充血、肝脾肿胀，有灰色病灶，胎盘水肿、出血。

②流产型。流产多见于妊娠的最后两个月，病羊体温升至40～41℃，厌食，精神抑郁，部分羊有腹泻症状。病羊产下的活羔表现衰弱，委顿，卧地，并可有腹泻，往往于1～7天内死亡。病母羊也可在流产后或无流产的情况下死亡。羊群暴发1次，一般持续10～15天。

◆临床诊断　根据流行病学、临诊症状和病理变化只能作出初步诊断，确诊需依靠实验室诊断结果。

◆预防　预防的主要措施是加强饲养管理，主要包括：羔羊在出生后应及早吃初乳，注意羔羊的保暖；发现病羊应及时隔离并立即治疗。

◆治疗

①对该病有治疗作用的药物很多，但必须配合护理及对症治疗。

②首选药是土霉素和新霉素。

25. 羊传染性胸膜肺炎

羊传染性胸膜肺炎是由羊丝状支原体引起的传染病，以高热、咳嗽、肺和胸膜发生浆液性和纤维素性炎症为特征，多呈急性经过，死亡率较高。多发生于冬、春两季，流行迅速。

◆流行特点　以3岁以下的羊最易感。病羊是主要的传染源，耐过羊在相当长的时期内向外排病原。该病常呈地方性流行，接触传染性很强，主要通过空气、飞沫经呼吸道传染。阴雨连绵、寒冷潮湿和营养不良是本病的诱因。

◆临床症状　病初体温升高、精神沉郁、食欲减退，随即咳嗽，流浆性鼻液，4～5天后咳嗽加重，浆性鼻液变为黏脓性，黏附于鼻孔、上唇，呈铁锈色。多在一侧出现胸膜肺炎变化，叩诊有实音区，听诊呈支气管呼吸音及摩擦音，触压胸壁表现出敏感疼痛，呼吸困难，高热稽留，腰背拱起呈痛苦状。孕羊流产，肚胀腹泻，甚至口腔溃烂，唇部、乳房皮肤发疹，眼睑肿胀，濒死前体温降至常温以下。病期为7～15天。剖检变化主要表现为病变多局限于胸部，胸腔有淡黄色积液，损害多为一侧性肺炎，间或两侧肺炎。肺实质肝变，切面呈大理石样变；肺小叶间质变宽，界限明显。血管内常有血栓形成。胸膜变厚而粗糙，与肋膜、心包膜发生粘连。支气管淋巴结和纵膈淋巴结肿大，切面多汁，有出血点。心包积液，心肌松弛、变软。肝、脾肿大，胆囊肿胀。肾脏肿大，被膜下可见有小出血点。病程久者，肺肝变区机化，形成包囊。

◆临床诊断　当羊发病时，出现体温升高、咳嗽、流黏脓性或铁锈色鼻液，陆续死亡，剖检主要呈现胸膜肺炎病变，并常为一侧性，其他脏器无特殊病变，即可作出初步诊断。确诊需送检样品，进行实验室诊断。应注意与羊巴氏杆菌病进行鉴别。

◆预防

①加强饲养管理，增强羊的体质。

②坚持自繁自养，对从外地新引进的羊严格隔离，检疫无病后方可入群。

③疫区内羊分群隔离，对假定健康羊，用羊传染性胸膜肺炎氢氧化铝菌苗接种，半岁以下羊于皮下或肌肉注射 3 毫升，半岁以上羊注射 5 毫升。

④对病菌污染的环境、用具等，应进行消毒处理。

⑤在疫区可使用羊肺炎支原体灭活菌苗进行免疫接种。

◆治疗　患病羊选用新胂凡纳明（九一四），5 月龄以下羊用 0.1～0.15 克，5 月龄以上羊用 0.2～0.25 克。也可口服土霉素，按每千克体重每日 20～50 毫克，分 2～3 次服完。

26. 痒病

痒病是绵羊中枢神经系统的一种慢性进行性疾病。该病以潜伏期长、剧痒、共济失调、麻痹、衰弱为特征，常导致病羊死亡。

病原为一种蛋白侵染因子。羊群遭受感染后，很难清除病原体。

◆流行特点　不同品种、性别的羊均可发生，主要是2～5岁绵羊。易感性存在着明显的品种间差异。不同毒株的致病性不尽相同，引起的神经系统病变、空泡化程度与分布均不同。

通常呈散发性流行，感染羊群内只有少数羊发病，传播缓慢。羊群一旦感染痒病，很难根除。

病羊和带毒羊是本病的传染源。目前认为主要是接触性传染，已经证明可以通过先天性传染，由公羊或母羊传给后代。

本病虽然发病率低（约10%），但病畜可能全部死亡。人可以因接触病羊或食用带感染痒病因子的肉品而感染本病。

◆临床症状　潜伏期为1～5年。病羊早期敏感、易惊、抬头，行走时以高抬腿姿态跑步。发展期时，病羊出现瘙痒，用后肢搔抓胸侧、腹侧和头部，并常啃咬腹肋部、股部或尾部，或在墙壁、栅栏、树干等物体上摩擦这些部位，致使被毛大量脱落、皮肤红肿发炎甚至破溃出血。病羊体温正常，照常采食，但日渐消瘦，因不能跳跃，故遇沟坡、土堆、门槛时，反复跌倒。病程达几周或几个月。病死率几乎100%。

◆病理变化　除尸体消瘦和皮肤损伤以外，常无肉眼可见变化。病理组织学检查，特征性的变化包括神经元的空泡变性与皱缩、灰质的海绵状疏松、星形胶质细胞增生等。

◆鉴别诊断　鉴别诊断要特别注意与羊螨病、羊狂犬病、梅迪—维斯纳病、脑包虫病和李氏杆菌病相区别。

①羊螨病。用皮肤刮取物涂片，镜检可以发现虫体。

②羊狂犬病。常为急性的性欲亢进。

③梅迪—维斯纳病。脑组织没有海绵样变性，而是呈现弥漫性脑膜炎变化，具有明显的细胞浸润和血管套现象，弥漫性脱

髓鞘。

④脑包虫病。常有头骨变薄、变软和皮肤隆起等现象，可用变态反应诊断。

⑤李氏杆菌病。可以采血液或肝、脾、肾、脑脊髓液、脑的病变组织等做触片或涂片镜检，革兰氏阳性，呈 V 形排列或并列的细小杆菌。

◆预防　主要措施是灭蜱，在蜱活动季节，定期对易感动物进行药浴或喷雾杀虫；对病羊、隐性感染羊进行扑杀后焚化。在疫区可以用鸡胚化弱毒疫苗进行接种。

禁止从痒病疫区引进羊、羊肉、羊的精液和胚胎等。禁止用病死羊加工蛋白质饲料，禁止用反刍动物蛋白饲喂牛、羊。

加强对市场和屠宰场肉类的检验，检出的病羊肉必须销毁，不得食用。受感染羊只及其后代坚决扑杀。

定期消毒。常用的消毒方法有：焚烧，5% ~10% 氢氧化钠溶液作用 1 小时，5% 次氯酸钠溶液作用 2 小时，浸入 3% 十二烷基磺酸钠溶液煮沸 10 分钟。

◆治疗　本病目前尚无特效疗法。

二、寄生虫病

1. 肝片吸虫病

肝片吸虫病是由肝片吸虫寄生于肝脏胆管内引起慢性或急性肝炎和胆管炎，同时伴发全身性中毒现象及营养障碍等症状的疾病。慢性和隐性症状的患畜因消瘦而使体重和毛、乳产量显著下降，肝脏因病变而失去功能，造成严重的损失。

◆流行特点　该病的症状表现因感染强度、家畜的抵抗力、年龄、饲养管理条件等不同而异，幼畜轻度感染即表现症状。

急性型症状多发生于夏末秋初，因在短时间内遭受严重感染所致。慢性型症状较多见于患病羊耐过急性期或轻度感染后，在冬春转为慢性。

◆临床症状　急性型病羊，初期发热、衰弱、易疲劳、离群落后，叩诊肝区半浊音界扩大，压痛明显，很快出现贫血、黏膜苍白、红细胞量及血红色素显著降低，严重者在几天内死亡。

慢性型病羊，主要表现为消瘦、贫血、黏膜苍白、食欲不振、异嗜，被毛粗乱无光泽且易脱落，步行缓慢；眼睑、颌下、胸下、腹下出现水肿；便秘与下痢交替发生；肝脏肿大。病情逐渐恶化，最后可因极度衰竭而死亡。

◆病理变化　剖检时，病理变化主要呈现在肝脏上，其变化程度与感染虫体的数量及病程长短有关。

在大量感染的急性死亡病例中，可见到急性肝炎和大出血后的贫血现象，肝肿大，包膜有纤维沉积，有 2 ~ 5 毫米长的暗红色虫道，虫道内有凝固的血液和少量幼虫。腹腔中有血红色的液体，有腹膜炎病变。

慢性病例主要呈现慢性增生性肝炎，在肝组织被破坏的部位呈现淡白色索状瘢痕，肝实质萎缩、退色、变硬、边缘钝圆，小叶间结缔组织增生；胆管肥厚，呈绳索样突出于肝表面；胆管内有磷酸钙和磷酸镁等盐类的沉积而使内膜粗糙，刀切时有沙沙声；胆管内有虫体和污浊稠厚的液体。病畜出现消瘦、贫血和水肿现象；胸腹腔及心包内都蓄积着透明的液体。

◆预防

①定期驱虫：驱虫的次数和时间必须与当地的具体情况及条件相结合。每年如进行一次驱虫，可在秋末冬初进行；如进行两次驱虫，另一次驱虫可在翌年的春季进行。

②粪便处理：及时对畜舍内的粪便进行堆积发酵，以便利用生物热杀死虫卵。

◆治疗　常用的驱除肝片吸虫的药物有下列几种：

①丙硫咪唑（抗蠕敏）。对驱除肝片吸虫成虫有良效；剂量为每千克体重用5～15毫克，口服。

②硝氯酚（拜耳9015）。可高效驱成虫；剂量为每千克体重用4～5毫克，口服。

③五氯柳胺。可高效驱成虫；剂量为每千克体重用15毫克，口服。

④碘醚柳胺。对驱除成虫和6～12周的未成熟肝片吸虫都有效，剂量为每千克体重用7.5毫克，口服。

⑤双酰胺氧醚。可高效驱除1～6周龄肝片吸虫幼虫，但随虫龄的增长，药效也随之降低。用于治疗急性肝片吸虫病；剂量为每千克体重用7.5毫克，口服。

⑥硫双二氯酚（别丁）。对驱除成虫有效，使用后有较强的下泻作用；剂量为每千克体重用80～100毫克，口服。

2. 双腔吸虫病

双腔吸虫病是由矛形双腔吸虫和中华双腔吸虫寄生于家畜肝脏的胆管和胆囊内所引起的疾病。该病在全国各地均有发生，尤其是西北、内蒙古及东北地区最为常见。虫体可寄生于绵羊、山羊、牛、鹿、骆驼、猪、马属动物、犬、兔、猴等，也偶见于人。但该病主要危害反刍动物，严重感染的羊、牛有时甚至死亡。

◆临床症状　羊的症状表现因感染强度不同而有所差异。轻度感染的羊只通常无明显症状。严重感染时，则表现为可视黏膜黄染，颌下水肿，消化紊乱，下痢并逐渐消瘦，甚至可因极度衰竭而死亡。

◆病理变化　剖检的主要病变为胆管出现卡他性炎症变化和胆管壁肥厚；胆管周围结缔组织增生；肝脏发生硬变、肿大，肝表面形成瘢痕；胆管扩张。

◆预防　与肝片吸虫病相同，应以定期驱虫为主；同时加强羊的饲养管理，以提高其抵抗力；对粪便亦应进行堆肥发酵处理，以杀灭虫卵。

◆治疗　对于病羊可采用下列药物治疗：

①海托林。该药是治疗双腔吸虫病最有效的药物，较为安全，对怀孕母羊及羔羊均无不良影响；剂量为每千克体重用40～50毫克，配成2%悬浮液，经口灌服。

②丙硫咪唑。剂量为每千克体重用30～40毫克，口服。

③六氯对二甲苯（血防846）。剂量为每千克体重用200～300毫克，口服。

④噻苯唑。剂量为每千克体重用150～200毫克，口服。

⑤吡喹酮。剂量为每千克体重用 65～80 毫克，口服。

3. 前后盘吸虫病

前后盘吸虫病是由前后盘科的各属吸虫寄生所引起的疾病。成虫寄生在羊、牛等反刍兽的瘤胃和网胃壁上，危害不大；幼虫则因在发育过程中移行于真胃、小肠、胆管和胆囊，可造成较严重的疾病，甚至导致死亡。该病遍及全国各地，南方较北方更为多见。

◆临床症状　该病发生于夏、秋两季。病羊的主要症状是顽固性拉稀，粪便常有腥臭，体温有时升高，消瘦、贫血、颌下水肿、黏膜苍白。后期可因极度消瘦衰竭而死亡。

◆病理变化　剖检可见成虫造成的轻微损害，但童虫移行中可使小肠、真胃黏膜水肿，有出血点，发生出血性肠炎，黏膜发生坏死和纤维素性炎症；盲肠、结肠淋巴滤泡肿胀、坏死，有的形成溃疡；小肠内可有少量幼虫，肠内充满腥臭的稀粪；胆管、胆囊膨胀，内有童虫。

◆预防　可参照肝片吸虫病，并根据当地的具体情况和条件，制定以定期驱虫为主的预防措施。

◆治疗　可选用下列药物：

①氯硝柳胺（灭绦灵）。该药对驱除童虫疗效良好，剂量为每千克体重用 75～80 毫克，口服。

②硫双二氯酚。驱除成虫的疗效显著，驱除童虫亦有较好的效果。剂量为每千克体重用 80～100 毫克，口服。

③溴羟替苯胺。驱除成虫、童虫的疗效较好。剂量为每千克体重用 65 毫克，制成悬浊液，灌服。

4. 阔盘吸虫病

阔盘吸虫病是由歧腔科阔盘属的多种吸虫寄生于羊胰管中而引起的以胰管炎症、贫血和营养障碍为特征的寄生虫病。

◆病原　主要有胰阔盘吸虫、腔阔盘吸虫。胰阔盘吸虫最为常见，活虫为棕红色，虫体扁平，较厚，呈长卵圆形。剖检发现虫体或粪便中检出虫体即可确诊。

◆流行特点　本病除发生于牛、羊等反刍动物外，还可感染猪、兔、猴和人等。第一中间宿主为陆地螺，第二中间宿主是草螽。羊因吞食含有成熟囊蚴的草螽而感染。

◆临床症状　轻度感染的羊，症状不明显。严重感染者表现为消瘦、被毛粗乱、贫血、腹泻，粪便带黏液，颌下和胸前水肿，甚至死亡。

◆病理变化　急性病例胰脏肿大，胰管因高度扩张呈黑色蚯蚓状而突出于胰脏表面，管壁发炎、肥厚、增粗，管腔黏膜不平并有点状出血，内含大量虫体。慢性病例胰脏硬化、萎缩。

◆防治措施　在流行地区，每年冬末和初春用吡喹酮各进行1次预防性驱虫，或3—4月驱虫1次。粪便堆积发酵。加强饲养管理，划区放牧，净化牧场。羔羊从断奶开始，移到绝对安全区放牧管理，并逐年扩大健康羊群，以达到完全净化的目的。第二中间宿主草螽分布广泛，难以消灭，因此在每年5—6月第一中间宿主陆地螺刚复苏从土中钻出而尚未开始繁殖时进行人工捕捉，集中用火烧或砸碎深埋。

5. 绦虫病

羊绦虫病是由莫尼茨绦虫、曲子宫绦虫和无卵黄腺绦虫的成虫寄生于羊的小肠而引起的疾病。三种绦虫既可单独感染，也可混合感染，以莫尼茨绦虫危害最为严重。

◆病原　莫尼茨绦虫常见有贝氏莫尼茨绦虫和扩展莫尼茨绦虫。扩展莫尼茨绦虫呈乳白色，长 1 ~ 5 米，最宽处为 16 ~ 26 毫米；卵呈三角形、方形或圆形，直径为 50 ~ 60 微米，内含一个六钩蚴的梨形器。贝氏莫尼茨绦虫体长 6 米，最宽处为 26 毫米。曲子宫绦虫虫体可长达 2 米，宽约 12 毫米。无卵黄腺绦虫长 2 ~ 3 米，宽仅为 3 毫米左右，节片短，眼观分节不明显。依据症状和粪便中查到绦虫节片可做出诊断，必要时取粪便检查虫体或虫卵。

◆流行特点　羔羊感染率较高，以 2 ~ 5 月龄感染率最高，并可将虫体排至体外。成年羊的感染率低。中间宿主为地螨，羊常因早晨放牧时吃了有地螨的牧草而感染。

◆临床症状　多呈慢性经过。患病初期，病羊食欲减退、贫血、消瘦、下痢，有时粪中有乳白色的虫体节片。严重时出现神经症状。后期衰弱而卧地不起，衰竭而死。

◆病理变化　尸体贫血，肠道内可见虫体，寄生部位呈卡他性炎症变化。

◆防治措施　舍饲改放牧前对羊群进行驱虫，放牧 1 个月内驱虫 2 次，1 个月后第三次驱虫。驱虫药可选用吡喹酮、奥芬达唑、丙硫苯咪唑、硫双二氯酚等。粪便堆置发酵。合理安排放牧时间，避免雨后、清晨和黄昏放牧，减少羊吃入地螨的机会。深耕土地、农牧轮作、播种优质牧草、更新牧地等可显著减少地螨数量。

6. 棘球蚴病

棘球蚴病又称包虫病，是由寄生于犬科动物小肠的棘球绦虫中绦期——棘球蚴寄生在牛、羊和人等多种哺乳动物的脏器组织内引起的一种严重的人畜共患寄生虫病。

◆病原　细粒棘球绦虫较小，头节呈梨形，有顶突和4个吸盘，细粒棘球蚴呈球形，可长大至直径30～40厘米，呈乳白色，不透明囊状，囊内充满透明液体。多房棘球绦虫形态与细粒棘球绦虫相似，但虫体较小；多房棘球蚴呈球形，为聚集成群的小包囊。

◆流行特点　犬是终末宿主和主要传染源，在流行严重的地区，犬的感染率达30%～50%。羊、黄牛、牦牛、猪、骆驼以及啮齿动物均是中间宿主，以绵羊感染率最高。羊摄入受到虫卵污染的草、饲料和饮水而感染。我国23个省、直辖市、自治区有感染报道，以西北、内蒙古和四川等地流行严重，其中新疆地区最为严重。

◆临床症状　羊严重感染时表现为消瘦、易脱毛、咳嗽、卧地不起。若囊泡破裂，可产生严重的变态反应，羊只会突然死亡。

◆病理变化　虫体寄生的肝脏和肺脏等器官有数量不等的棘球蚴包囊。

◆防治措施　在流行区，用氢溴酸槟榔碱给犬驱虫，每月1次，服药后犬应拴留，并将粪便和垫料等全部烧毁或深埋，以防病原扩散传播。严禁用棘球蚴病畜的脏器喂犬或随地抛掷。做好饲料、饮水及圈舍的清洁卫生工作，防止被犬的粪便污染。对病羊，早期可用丙硫苯咪唑治疗，吡喹酮也有一定疗效。

7. 脑多头蚴病

脑多头蚴病是由狗、狼等肉食动物小肠里的多头绦虫的中绦蚴幼虫寄生于羊的脑与脊髓所引起的寄生虫病，亦称脑包虫病。因病羊有明显的转圈症状，又称为转圈病。

◆病原　多头绦虫属于多头属。成虫长 40～80 厘米，节片 200～500 个，头节有 4 个吸盘；成熟节片呈方形；卵为圆形，直径为 20～37 微米。多头蚴呈囊泡状，囊体由豌豆大至鸡蛋大，囊内充满透明液体；囊内膜附有 100～250 个原头蚴，每个直径为 2～3 毫米。

◆流行特点　山羊、绵羊常见，2 岁以下的绵羊感染率较高。犬、狼等肉食动物是终末宿主，为主要传染源，多因食入含多头蚴的牛、羊的脑或脊髓而感染，通过粪便排出孕节和虫卵。羊随牧草、饮水等吞食虫卵而感染。该病散布于全国各地，并多见于犬活动频繁的地方，一年四季均可发生。

◆临床症状　典型的神经症状和视力障碍。急性期表现为体温升高，呼吸、脉搏加快，强烈兴奋或沉郁，并有回旋、前冲、后退和躺卧等神经症状，严重者几日内死亡。慢性病例症状与虫体寄生部位有关，若虫体寄生在大脑半球表面，病羊出现转圈运动；虫体寄生在脑正前部，羊表现为头下垂，向前直奔和前肢蹿空或静止不动，头抵物体；虫体寄生在小脑，病羊四肢痉挛，共济失调，易跌倒；虫体寄生在脊髓，病羊可出现后躯完全麻痹，有时膀胱括约肌麻痹、尿失禁。

◆病理变化　明显的脑炎或脑膜炎病变，慢性病例在脑、脊髓等部位分布有大小不等的囊状多头蚴，病灶周围脑组织或较远的部位发炎，有时可见萎缩变性和钙化的多头蚴。

◆防治措施　对牧羊犬进行定期驱虫，排出的粪便堆积发酵。加强牛、羊屠宰管理，病羊、牛的脑和脊髓必须销毁，禁用未处理的动物尸体和废弃物喂犬。禁止在被污染的场地放牧。对病羊可实施手术摘除寄生在脑髓表层的虫体。药物治疗可选用吡喹酮。

8. 肺线虫病

肺线虫病是由网尾科的丝状网尾线虫和原圆科的多种线虫寄生于羊的支气管、细支气管或肺实质而引起的寄生虫病。

◆病原　丝状网尾线虫为大型肺线虫，虫体呈白色。原圆科线虫为小型肺线虫，种类多，其中缪勒属和原圆属线虫分布最广，虫体纤细。

◆流行特点　本病经消化道感染。原圆科线虫在发育过程中需要陆地螺或蛞蝓作为中间宿主。在我国分布广泛，常呈地方性流行。

◆临床症状　感染虫体数量多时，病羊出现咳嗽，特别在早、晚驱赶时尤为明显。严重病例，呼吸急促，剧烈咳嗽，有时咳出成团的虫体或幼虫。鼻孔周围沾满黏液，干后形成痂块堵塞鼻孔，使呼吸更加困难，常因继发感染引起肺炎而死亡。

◆病理变化　肺膨胀不全或气肿，表面可见灰白色的块状隆起。切开支气管和肺脏边缘病灶可见成虫和幼虫。

◆实验室诊断　取粪便检出第一期幼虫即可确诊。

◆防治措施　流行区内，每年在 2 月、11 月对羊群进行 2 次以上驱虫；及时对病羊进行治疗，可选用伊维菌素、丙硫苯咪唑、左旋咪唑等。粪便堆积发酵。羔羊与成年羊分群放牧，有条件的地区实行轮牧，不在雾天、清晨和傍晚放牧，避免在低洼潮湿的沼泽地区放牧，减少与陆地螺接触的机会；饮用流动水或井水。加强饲养管理，冬季适当补饲。

9. 消化道线虫病

消化道线虫病是由不同种类和数量的线虫寄生在羊的消化道内引起的。

◆病原　寄生于羊消化道的线虫有毛原科、钩口科、毛首科（毛尾科）的多种线虫。

捻转血矛线虫寄生于真胃，偶见于小肠，呈粉红色，长27～30毫米，由于红的消化管和白色的生殖管相互缠绕，形成红白相间的外观，俗称麻花虫。

奥斯特线虫寄生于真胃，虫体呈棕色，亦称棕色胃虫，长4～14毫米。

马歇尔线虫寄生于真胃，似棕色胃虫，但虫体较大。

细颈线虫寄生于小肠或真胃，虫体前部呈细线状，后部较粗。

毛圆线虫寄生于小肠，偶尔可寄生于真胃和胰脏，虫体长5～6毫米，呈淡红色或褐色。

古柏线虫寄生于小肠、胰脏，偶见于皱胃，虫体呈红色或淡黄色，大小与毛圆线虫相似，前端角皮膨大，并具许多横纹。

仰口线虫寄生于小肠，虫体较粗大，前端弯向背面，故有钩虫之称。

食道口线虫寄生于大肠，虫体较大，呈乳白色，头端尖细，因其幼虫在发育时钻入肠壁形成结节，故又称结节虫。

夏伯特线虫亦称阔口线虫，寄生于大肠，虫体大小近似食道口线虫。

毛首线虫寄生于盲肠，整个虫体形似鞭子，亦称鞭虫，虫体较大，呈乳白色，前部细长，后部粗大。

◆流行特点　羊因吞食了被虫卵污染的饲草、饲料和饮水而感染。本病在全国各地均有不同程度的发生和流行，西北、东北和内蒙古的广大牧区流行更为普遍，是每年春季造成羊只死亡的重要原因之一。

◆临床症状　主要症状为腹泻、消瘦、眼结膜苍白、贫血。严重者下颌水肿，最终可因身体极度衰竭而死亡。

◆病理变化　剖检可见消化道各部位有大量线虫和相应的病理变化。

◆实验室诊断　对临床可疑的羊进行粪便虫卵检查，常用饱和盐水漂浮法，亦可用直接涂片法镜检虫卵。死后剖检诊断，可通过对虫体的鉴别，进一步确定病原种类。

◆防治措施　在流行区内，每年春季和秋末进行 2～3 次预防性驱虫，治疗可用敌百虫、丙硫咪唑（抗蠕敏）、左旋咪唑、阿维菌素、伊维菌素等药物。粪便堆积发酵。加强饲养管理，保持饲料、饮水的清洁卫生；实施轮牧，夏季避免羊吃露水草，不在潮湿低洼地带和早、晚、雨后放牧。

10. 梨形虫病

梨形虫病是由泰勒科和巴贝斯科的梨形虫引起的血液原虫病。根据发病季节为蜱活动季节，临床症状和剖检变化可做出初步诊断，确诊需进行虫体检查。

◆病原　在国内，引起羊梨形虫病的主要病原是泰勒虫科泰勒属的山羊泰勒虫、巴贝斯科巴贝斯属虫。

泰勒虫在红细胞内大多为圆形、卵圆形，约占 80%，其次为杆状，边虫形很少。红细胞内的虫体数为 1 ~ 4 个。在淋巴涂片中可见到淋巴细胞内或游离其外的多核虫体，又称石榴体，其直径约为 8 微米，有的达 10 ~ 20 微米，其内含有 1 ~ 80 个直径 1 ~ 2 微米的紫红色染色颗粒。

巴贝斯虫在红细胞内，虫体有双梨籽形、单梨籽形、椭圆形和变形虫等各种形状。其中双梨籽形占 60% 以上，其他形状虫体较少，梨籽形虫体长度大于红细胞的半径，虫体有两个染色质团块。双梨籽虫体尖端以锐角相连，位于红细胞中央。

◆流行特点　本病由蜱吸血传播，多发于每年 4—10 月蜱活动猖狂的季节。

◆临床症状

①泰勒虫病。羊体温升高至 40 ~ 42℃，稽留 4 ~ 7 天，呼吸急促，粪中混有血样黏液，高度贫血、黄疸，出现血红蛋白尿，肩前淋巴结肿大，头伸向前方，呆立，肢体僵硬，步态不稳。有的病羊可自愈，有的趋于恶化，因衰竭而死亡。

②巴贝斯虫病。病羊体温升高至 41 ~ 42℃，呼吸浅表，脉搏加速，食欲减退乃至废绝，高度黄疸、贫血，血液稀薄，出现血红蛋白尿。后期出现神经症状倒地而亡。

◆病理变化　泰勒虫感染的病例尸体消瘦、贫血，全身淋巴结肿胀，有暗红色和灰白色结节，肝、脾肿大，皱胃黏膜肿胀，有溃疡病灶。剖检巴贝斯虫感染病例，可见组织黄染，血液稀薄、血凝不全，膀胱充满红色尿液。

◆防治措施　灭蜱是关键，定期轮圈放牧，消灭圈舍和羊体上的蜱，防止羊被蜱叮咬。治疗可选用三氮脒（贝尼尔），深部肌肉注射，用量为每千克体重用 3 ~ 5 毫克。对引进的羊，经隔离检疫后再合群。

11. 螨病

螨病是由疥螨科和痒螨科的螨类寄生于羊体表而引起的慢性皮肤病。

◆病原　疥螨寄生于皮肤表皮层内，虫体在隧道内不断发育和繁殖，成虫长0.2～0.5毫米，肉眼不易看见，呈圆形，浅黄色，体表有大量的小刺。痒螨呈长圆形，较大，长0.5～0.9毫米，肉眼可见。

◆流行特点　不同年龄的羊均可患病，羔羊尤为严重。本病的传播主要是病羊与健康羊的直接或间接接触，也可因虫卵污染工作人员的衣服、手以及诊疗器械、饲养用具、活动场所等间接接触而传播。螨病多发生在秋末、冬季和初春等寒冷季节。疥螨的宿主特异性不强，可造成人畜之间、家畜之间的相互感染。

◆临床症状　主要症状是皮肤剧痒。疥螨病多见于山羊。患部多位于皮肤薄、被毛短少处，如唇、口角、鼻孔四周、眼睛周围、耳和四肢等部位。病羊有剧烈痒感，患部肿胀有水疱，皮屑很多，皮肤增厚严重，甚至龟裂。严重时，嘴全被疱痂所盖，难以张口，仔山羊常因此饿死。

痒螨病多发生于绵羊，因患部渗出物多，故有的地方称为“水骚”。多发于被毛长而稠密之处，如背部、臀部和尾根部，严重时蔓延到体侧及全身，以后羊毛大块脱落甚至全身被毛脱光，患部皮肤湿润，形成浅黄色痂皮。病羊摩擦搔痒，烦躁不安，无法正常采食和休息，最后衰竭死亡。

◆病理变化　疥螨病例的病变部皮肤先出现丘疹、水疱和脓疱，以后形成坚硬的灰白色痂皮。痒螨的病变部位皮肤先出现浅红色或浅黄色粟粒大或扁豆大的小结节以及充满液体的小水疱，继而出现鳞屑和脂肪样浅黄色的痂皮。

◆实验室诊断　从健康与病患交界的皮肤处刮取样本，检出病原即可确诊。

◆防治措施　本病重在预防。

①每年定期用双甲脒药浴，用 12.5% 双甲脒兑成浓度为 0.05% 的溶液，即本品 1 升加水配成 250 升。

②按每千克体重 0.2 毫克的用量皮下注射阿维菌素。

③对病羊可用 5% 敌百虫涂擦患部，每次用药面积不超过体表面积的 1/3。

12. 球虫病

球虫病是由艾美耳属球虫寄生于羊肠道内所引起的以腹泻、消瘦、便血和发育不良为特征的寄生虫病。

◆病原　绵羊球虫有 14 种，危害严重的是阿撒他艾美耳球虫。山羊球虫有 15 种，雅氏艾美耳球虫对山羊的致病力强。从新鲜粪便中收集的卵囊大多为椭圆形或卵圆形，黄褐色，卵囊表面光滑。

◆流行特点　绵羊、山羊均易感。羔羊极易感染，成年羊一般带虫。多发于春季、夏季、秋季，温暖潮湿的地区和季节易流行。

◆临床症状　成年羊多为无症状带虫。羔羊感染后轻者精神不振，排犊牛粪状软便；重者食欲减退或废绝，被毛粗乱，贫血，消瘦，急剧下痢，排出黏液血便，恶臭。死亡率为 10% ~ 25%。急性经过为 2 ~ 7 天，慢性的可拖延数周。

◆病理变化　尸体消瘦，后肢和尾部沾染稀粪。小肠黏膜有粟粒大至豌豆大的淡白色或黄色的圆形或卵圆形结节。

◆实验室诊断　6～12 周龄羊的腹泻应考虑胃肠道寄生虫病。对急性型，可采取带血粪便镜检，如发现有大量卵囊，即可确诊。

◆防治措施　加强饲养管理，成年羊与羔羊分群饲养；定期消毒圈舍，洗涤母羊乳房和挤奶用具。每天清除粪便，并进行堆肥发酵。不在湿洼地带放牧和死水池中饮水。对病羊及时隔离和治疗，可用氨丙啉，口服，用量为每千克体重用 25 毫克，连用 14～19 天，也可用磺胺类药物治疗。

三、普通病

1. 口炎

羊的口炎是口腔黏膜表层和深层组织的炎症。有单纯性局部炎症和继发性全身反应。

◆发病原因　原发性口炎多由外伤引起。如采食尖锐的植物枝杈、秸秆。继发性口炎多发生于羊患口疮、口蹄疫、羊痘、霉菌性口炎、过敏反应和羔羊营养不良时。

◆临床症状　原发性口炎：病羊常采食减少或停止，口腔黏膜潮红、肿胀、疼痛、流涎，甚至糜烂、出血和溃疡，口臭；全身变化不大。

继发性口炎：多见有体温升高的全身反应。如羊患口疮时，口腔黏膜及上下嘴唇、口角处呈现水疱疹和出血干痂样坏死；患口蹄疫时，除口腔黏膜发生水疱及烂斑外，趾间及皮肤也有类似病变；患羊痘时，除口腔黏膜有典型的痘疹外，在乳房、眼角、头部、腹下皮肤处亦有痘疹。

常有采食发霉饲料的病史，除口腔黏膜发炎外，还出现下泻、黄疸等病变过程。

采食或接触某种过敏原时，除口腔有炎症变化外，在鼻腔、乳房、肘部和股部内侧等处见有充血、渗出、溃烂、结痂等变化。

◆防治措施　加强管理，防止因口腔受伤而发生原发性口炎。对传染病合并口腔炎症者，宜隔离消毒。轻度口炎，可用0.1%雷佛奴尔溶液或0.1%高锰酸钾溶液冲洗。发生糜烂及渗出时，用2%明矾溶液冲洗；有溃疡时，用1∶9碘甘油或用蜂蜜涂擦。全身反应明显时，用青霉素40万～80万单位和链霉素100万单位肌肉注射，每日1次，连续3～5天；亦可服磺胺类药物。

2. 食道阻塞

食道阻塞是羊食道被草料或异物所堵塞，以咽下障碍为特征的疾病。

◆发病原因　该病主要由于过度饥饿的羊吞食了过大的块状饲料，未经咀嚼而吞咽，阻塞食道造成的。

◆临床症状　病羊采食停止，头颈伸直，伴有吞咽和作呕动作；口角流涎，骚动不安；或因异物吸入气管，引起咳嗽。当阻塞物发生在颈部食道时，局部突起，形成肿块，手触可感觉到异物形状；当发生在胸部食道时，病畜疼痛明显，可继发瘤胃臌气。

◆临床诊断　诊断时应注意与咽炎、急性瘤胃臌气、口腔和牙齿疾病、食道痉挛、食道扩张等病相区别。

食道阻塞时，如鼻腔分泌物吸入气管，可发生异物性气管炎或异物性肺炎。

◆治疗　可采取以下方法：

①开口取物法。阻塞物塞于咽或咽后时，可装上开口器，保定好病畜，用手直接掏取，或用铁丝圈套取。

②胃管探送法。阻塞物在近贲门部位时，可先将2%普鲁卡因溶液5毫升、石蜡油30毫升混合，用胃管送至阻塞物部位；然后再用硬质胃管推送阻塞物进入瘤胃。

③手术疗法。当锐利异物阻塞于食道，其他方法不能取出

时，可进行食道切开术，取出异物。

◆治疗中要注意瘤胃臌气的发展，必要时可施行瘤胃放气术，以防窒息。

3. 瓣胃阻塞

瓣胃阻塞（百叶干）是由于羊瓣胃的收缩力减弱，食物通过瓣胃时积聚，不能后移，充满叶瓣之间，水分被吸收，内容物变干而导致的疾病。

◆发病原因　该病主要由于饮水量失调和饲喂秕糠、粗纤维饲料而引起；或饲料和饮水中混有过多的泥沙，使泥沙混入食糜，沉积于瓣叶之间而发病。

前胃弛缓，瘤胃积食，真胃阻塞，瓣胃、真胃与腹膜粘连可继发瓣胃阻塞。

◆临床症状　病羊初期症状与前胃弛缓相似，瘤胃蠕动音减弱，瓣胃蠕动消失，并可继发瘤胃臌气及瘤胃积食。触压病羊右侧第七至第九肋间肩关节水平线上下时，疼痛不安。初期粪便少且色暗，后期停止排粪；随着病程延长，瓣胃小叶可发炎坏死，或引起败血症，此时体温升高，呼吸加快，全身衰弱，卧地不能站立，最后死亡。

◆临床诊断　根据病史和临床症状（不排粪、瓣胃区敏感、瓣胃扩大变硬等）可确诊。

◆防治措施　应以软化瓣胃内容物为主，辅以兴奋前胃运动机能，促进胃肠内容物排出。

瓣胃注射疗法：25% 硫酸镁溶液 30 ~ 40 毫升，石蜡油 100 毫升；在右侧第九肋间隙和肩关节交界下方 2 厘米处，选用 12 号7 厘米长的针头，向对侧肩关节方向刺入 4 厘米深，当针刺入后，可先注入20毫升生理盐水，试其有较大压力时，表明针已刺入瓣胃，再将上述准备好的药液交替注入；于第二日可重复注射1次。

瓣胃注射后，再对病畜输液。可用10%氯化钠溶液50～100毫升、10%氯化钙溶液10毫升、5%葡萄糖生理盐水150～300毫升混合后静脉注射。待瓣胃松软后，可皮下注射0.1%氨甲酰胆碱0.2～0.3毫升，效果很好。

4. 瘤胃臌气

急性瘤胃臌气（气胀）是羊胃内饲料发酵，迅速产生大量气体的疾病。该病多发生于春末夏初放牧的羊群。

◆发病原因　羊由于吃了大量易发酵的饲料如幼嫩的紫花苜蓿等而致病。此外，采食霜冻饲料、酒糟或霉败变质的饲料也易发生本病；秋季绵羊易发生肠毒血症，也可出现急性瘤胃臌气；每年剪毛季节若发生肠扭转也可致瘤胃臌气。

◆临床症状　初期病羊表现为不安、回顾腹部、拱背伸腰、肷窝突起，有时左肷向外突出高于髋节或背中线；反刍和嗳气停止，触诊时腹部紧张性增加；听诊瘤胃蠕动音减弱。黏膜发绀、心律增快、呼吸困难，严重者张口呼吸、步态不稳，如不及时治疗，可能迅速发生窒息或心脏麻痹而死亡。

◆治疗　主要是胃管放气，防腐止酵，清理胃肠。

①放气。对于急性的瘤胃臌气，及时放气排气是缓解症状的一种重要方法。可用瘤胃穿刺放气法或胃导管放气法。

②制止发酵。放气后，顺便注入0.5%普鲁卡因青霉素80万～240万单位，或酒精20～30毫升。也可灌服豆油、花生油、棉籽油50～100毫升。

③排除瘤胃内容物。可灌服泻剂硫酸钠溶液或硫酸镁溶液50～100克，或植物油100～250毫升，让胃肠内容物尽快排出。

5. 瘤胃积食

瘤胃积食是瘤胃充满大量饲料，致使胃体积增大，胃壁扩张，食糜滞留在瘤胃而导致严重消化不良的疾病。

◆发病原因　主要是吃了过多质量不良、粗硬易膨胀的饲料，如块根类饲料、豆饼、霉败饲料，或采食干料而饮水不足等造成的。

由于过食谷物引起消化不良，常使碳水化合物在瘤胃中产生大量乳酸，导致机体酸中毒。

前胃弛缓、瓣胃阻塞、创伤性网胃炎、腹膜炎、真胃炎、真胃阻塞等也可导致瘤胃积食发生。

◆临床症状　发病较快，采食、反刍停止，病初不断嗳气，随后嗳气停止，腹痛摇尾，或后蹄踏地，拱背，咩叫，病后期精神委靡。左侧腹下轻度膨大，肷窝略平或稍凸出，触摸稍感硬实。瘤胃蠕动初期增强，以后减弱或停止，呼吸迫促，脉搏增数，黏膜呈深紫红色。

当过食谷物引起瘤胃积食发生酸中毒和胃炎时，精神极度沉郁，瘤胃松软积液，手冲击有拍水感，病羊喜卧，腹部紧张度降低，有的可能表现为视觉扰乱，盲目运动。

◆治疗　治疗羊的瘤胃积食以排出瘤胃内容物、止酵防腐、促进瘤胃蠕动、解除酸中毒为宗旨，可采用以下几种方法：

①按摩瘤胃。发病初期，在羊的左肷部用手掌按摩瘤胃，每次按摩5～10分钟，每天按摩5～10次，可以刺激瘤胃，使其恢复蠕动。

②促进反刍。静脉注射10%高渗盐水100～200毫升，同时皮下注射硫酸新斯的明或毛果芸香碱等拟胆碱药物，每只羊每次10毫升，1天2～3次，以促进胃肠蠕动。

③强心补液缓解酸中毒。为了补充体液，纠正代谢性酸中毒，可静脉注射复方氯化钠溶液500毫升、10%安钠咖注射液5～10毫升、5%碳酸氢钠溶液100～200毫升，三药合用一次静脉注射。

④手术治疗。即切开瘤胃，取出瘤胃内容物，以缓解积食。

6. 真胃阻塞

真胃阻塞是真胃内积累过量食糜，使胃壁扩张，体积增大，胃黏膜及胃壁发炎，食物不能进入肠道所致。

◆发病原因　由于羊的消化机能紊乱，胃肠分泌、蠕动机能降低造成；或者因长期饲喂细碎的饲料所致。亦见于因迷走神经分支损伤，创伤性网胃炎使肠襻与真胃粘连，幽门痉挛，幽门被异物或毛球阻塞等所致。

◆临床症状　本病初期似前胃弛缓症状，病羊食欲减退，排粪量少，甚至停止排粪，粪便干燥，其上附有大量黏液或血丝；右腹真胃区增大，病胃充满液体，冲击真胃可感觉到坚硬的真胃体。但应注意与瓣胃阻塞相鉴别。

◆预防　加强饲养管理，去除致病因素，尤其对饲料的品质、加工等要特别注意，定时定量喂料，供给充足清洁的饮水。

◆治疗　给病羊输液（见瓣胃阻塞治疗）。可试用25%硫酸镁溶液50毫升、甘油30毫升、生理盐水100毫升，混合后做真胃注射；10小时后，可选用胃肠兴奋剂如氨甲酰胆碱注射液等，按每千克体重0.05毫克的用量，少量多次皮下注射。

种羊早期可试用真胃切开术，以排除阻塞物。

7. 创伤性网胃腹膜炎及心包炎

创伤性网胃腹膜炎及心包炎是由于异物刺伤网胃壁而发生的一种疾病。其临床特征为急性前胃弛缓、胸壁疼痛、间歇性臌气、白细胞总数增加及核左移等。

◆发病原因　该病主要是由于尖锐的金属异物（如钢丝、铁丝、针、发卡、铁片等）混入饲料被吃进网胃，异物刺破或损伤胃壁所致。如果异物经横膈膜刺入心包，则发生创伤性网胃心包炎；当异物穿透网胃壁或瘤胃壁损伤脾、肝、肺等脏器时，可发生腹膜炎及各部位的化脓性炎症。

◆临床症状　创伤性网胃腹膜炎症状：病羊精神沉郁，食欲减少，反刍缓慢或停止，鼻部干燥，行动小心，表现出疼痛拱背，不愿意转弯或走下坡路。确诊：用手冲击网胃区及心区或用拳头顶压剑状软骨区，病羊疼痛、呻吟、躲闪、肘头外展、颤动。前胃弛缓，慢性瘤胃臌气。

创伤性网胃心包炎症状：病羊心动过速，每分钟 80～120 次；并可发生颈静脉怒张，粗如手指；颌下及胸前水肿。听诊心音区扩大，出现心包摩擦音及拍水音。病的后期常发生腹膜粘连、心包化脓和脓毒败血症。

◆预防　清除饲料中异物，并严禁在牧场或羊舍内堆放铁器。饲喂人员勿带小而尖细的铁具进入羊舍，以防遗落在饲料中。

◆治疗　种羊清理排除异物。本病常以淘汰病羊告终。

对症治疗，消除炎症，可用青霉素 40 万～80 万单位和链霉素 50 万单位肌肉注射；磺胺嘧啶钠 5～8 克、碳酸氢钠 5 克加水灌服，每日1次，连用1周以上。亦可内服健胃剂，镇痛剂。

8. 胃肠炎

胃肠炎是胃肠黏膜及其深层组织的出血性或坏死性炎症。

◆发病原因　该病多因前胃疾病引起。此外，饲养管理不当，采食了大量冰冻或发霉的饲草、饲料，或饲料中混有化肥、具有刺激性的药物也可引起本病。羊副结核病、羊炭疽、羊巴氏杆菌病、羔羊大肠杆菌病也可继发本病。

◆临床症状　病羊出现急性消化不良症状，其后逐渐或迅速转为胃肠炎的症状。病羊食欲废绝，口腔干燥发臭，舌面有黄白苔，常伴有腹痛。肠音初期增强，以后减弱或消失，不断排稀粪便或水样粪便，气味腥臭或恶臭，粪中混有血液及坏死的组织片。由于下泻，可引起脱水。脱水严重时，尿少色浓，眼球下陷，皮肤弹性降低，迅速消瘦，腹围紧缩。当虚脱时，病羊不能站立而卧地，呈现衰竭状态，随着病情发展，体温升高，脉搏细数，四肢冰凉，昏睡，严重时可引起循环和微循环障碍、抽搐死亡。慢性胃肠炎病程长，病势缓慢，主要症状同急性胃肠炎，可引起恶病质。

◆治疗　口服磺胺脒（SG）4～8克和小苏打3～5克；或口服药用炭7克、萨罗尔2～4克、次硝酸铋3克，加水1次灌服；或用青霉素40万～80万单位、链霉素50万单位，1次肌肉注射，连用5天。脱水严重的宜输液，可用5%葡萄糖溶液150～300毫升、维生素C注射液100毫克混合，静脉注射，每日1～2次。亦可用土霉素或四环素0.5克，溶解于生理盐水100毫升中，静脉注射。

9. 吸入性肺炎

吸入性肺炎是羊偶将药物、食糜渣液、植物油等误咽入气管支气管和肺部而引起的炎症。

◆发病原因　羊患食道阻塞后，经口强制投药引起误咽。

◆临床症状　病羊精神沉郁，食欲废绝；体温升高，达40～41℃，热型为弛张热，日差平均达1.1℃（最高达到2.5℃）；脉搏加速，呼吸频数而且困难，以腹式呼吸为主，腹部扇动显著。患病初期病羊常呈干咳，随着分泌物增加可表现为湿咳。

鼻流浆性或黏浆性鼻液。病程中期流灰白色带细泡沫的鼻液，落地如花点状。咳嗽低哑，呈阵发性，连续7～8声；咳时伸颈低头，声音嘶哑。

肺部听诊：初期主要为干啰音；以后则出现湿啰音，并有散在性捻发音。肺前下三角区，即心区后上方呼吸音弱或消失。叩诊该区，呈局灶性半浊音或浊音。肺的腹界扩大，有肺小泡气肿现象。

血液检查：白细胞总数显著增多，中性粒细胞增多，核左移；有显著的嗜酸性粒细胞增多症（20%）。随病情的好转，上述临床症状逐渐减轻直至消失。

◆治疗　对该病采取青霉素为主的综合疗法。肌肉注射青霉素80万单位，每日1～2次，连续4～7天；或同时用青霉素40万单位、0.5%盐酸普鲁卡因溶液2～3毫升气管注射，每日或间日1次，注射2～5次，并配合应用具有清肺平喘、镇咳祛痰等疗效的中药。

10. 小叶性肺炎及肺脓肿

小叶性肺炎是支气管与肺小叶或肺小叶群同时发生炎症。

◆发病原因　小叶性肺炎多因羊受寒感冒、受物理化学因素的刺激、受条件性病原菌如巴氏杆菌、链球菌、化脓放线菌、坏死杆菌、绿脓杆菌、葡萄球菌等的侵害而致；羊肺线虫也可引发此病。此外，口蹄疫、放线菌病、羊子宫炎、乳房炎、羊鼻蝇、外伤致使的肋骨骨折、创伤性心包炎等，也可继发本病。

◆临床症状　小叶性肺炎初期呈急性支气管炎的症状，即咳嗽、体温升高呈弛张热型，高达40℃以上；呼吸浅表、增数，呈混合性呼吸困难。胸部叩诊出现不规则的半浊音区，叩诊音高朗。听诊肺区肺泡音减弱或消失，初期出现干啰音，中期出现湿啰音、捻发音。

肺脓肿常呈现散在性的特点。病羊呈现间歇热，体温升高至41.5℃；咳嗽，呼吸困难。肺区叩诊常出现固定的似局灶性浊音区，病区呼吸音消失。其他基本同小叶性肺炎。

◆预防　加强饲养管理，保持圈舍卫生，防止吸入灰尘。减少羊只受寒感冒，杜绝传染病感染。在插胃管时，防止误插入气管内。

◆治疗

①消炎止咳。可应用10%磺胺嘧啶20毫升，或用抗生素（青霉素、链霉素）肌肉注射；氯化铵1～5克、酒石酸锑钾0.4克、杏仁水2毫升，加水混合灌服；亦可应用青霉素40万～80万单位、0.5%普鲁卡因溶液2～3毫升，气管注射。

②解热强心。可用复方氨基比林或水杨酸钠2～5克，口服；10%樟脑水注射液2毫升，肌肉注射。

11. 羊羔假死症

初生羊羔假死又称为羊羔窒息，羔羊产出时呼吸极弱或停止但仍有心脏跳动的称为假死或窒息。

◆发病原因　由于冬天寒冷，无人照料，使羊羔久冻所致；再者，难产时助产不及时，脐带受到压迫，或胎儿在产道内停留时间太长，引起血液循环障碍所致；另外，母羊有病，血内氧气不足、二氧化碳积聚，刺激胎儿过早地发生呼吸反射，以致将羊水吸入呼吸道也可造成此病。

◆临床症状　羊羔横卧不动、闭眼、舌外垂、唇色发紫、呼吸微弱或完全停止，口腔或鼻腔积有黏液或羊水，听诊肺部出现湿啰音，体温下降，严重时全身松软，反射消失，只是心脏有微弱的跳动。

◆防治措施　在产羔季节，应组织接产护理人员昼夜值班，不得无人；在分娩过程中，如发现胎儿在产道内停留时间过长，应及时进行助产，将胎儿拉出；如果母羊有病，在分娩时应迅速助产，避免延误时间而造成窒息，产后应及时对症治疗。如果发现羊羔尚未完全窒息，还存有微弱呼吸，应立即倒提后腿，用手在温水中浸泡少许，轻拍羔羊胸腹部，刺激呼吸反射；同时可将口、鼻腔中的黏液除去；拉动羔羊的舌头几次，促进呼吸动作的恢复；若效果不明显，可进行人工呼吸。同时注射尼可刹米、樟脑水 0.5 毫升，或脐动脉内注射加温后的 10% 氯化钙溶液 2 ~ 3 毫升，以兴奋短时间内失去机能的呼吸中枢。不论实行哪种方法，都必须争取时间及早进行；如果时间太晚，则大脑皮层细胞和中枢神经系统的其他部分发生深度的机能性改变，即使采取理化疗法，其效果也不理想。

12. 流产

流产是指母羊妊娠中断、或胎儿不足月就排出子宫而死亡。流产分为小产、流产、早产。

◆发病原因　其原因较为复杂。属传染性流产者，多见于羊布氏杆菌病、弯杆菌病、毛滴虫病。非传染性者，可见于子宫畸形、胎盘坏死、胎膜炎和羊水增多症等。内科病，如肺炎、肾炎、有毒植物中毒、农药中毒可致病；营养代谢障碍病，如无机盐缺乏、微量元素不足或过剩，维生素A、维生素E不足等也可致病；饲料冰冻和发霉也可致病；外科病，如外伤、蜂窝织炎、败血症，以及运输拥挤等均可致病。

◆临床症状　表现为精神不佳、食欲停止、腹痛起卧、努责、咩叫、阴户流出羊水，待胎儿排出后稍微安静。若在同一群中病因相同，则陆续出现流产，直至受害母羊流产完毕。由于受外伤程度的不同，受伤的胎儿常因胎膜出血、剥离，于数小时或数天后排出。

◆防治措施　以加强饲养管理为主，重视传染病的防治，根据流产发生的原因，采取有效的防治保健措施。对于排出的不足胎儿或死亡胎儿，不需要进行特殊处理，仅对母羊进行护理。

对有流产先兆的母羊，可用黄体酮注射液（含15毫克）1次肌肉注射；人绒毛膜促性腺激素，每日每只羊肌肉注射100～200单位，配合硫酸镁等镇静剂一起使用效果更好。

死胎滞留时，应采用引产或助产措施。胎儿死亡，子宫颈未开时，应先肌肉注射雌激素，如己烯雌酚或苯甲酸雌二醇，2～3毫克，使子宫颈张开；然后从产道拉出胎儿。母羊出现全身症状时，应对症治疗。

13. 难产

难产是指分娩过程发生困难，不能将胎儿顺利地由阴道排出。

◆发病原因　难产的发生从临床检查结果分析，常见阵缩无力、胎位不正、子宫颈狭窄及骨盆腔狭窄等。

◆助产　为了保证母仔安全，对于难产的羊必须进行全面检查，并及时进行人工助产术；对种羊可考虑进行剖腹产。

①助产的时机。当母羊开始阵缩超过4～5小时，而未见羊膜、绒毛膜在阴门外或阴门内破裂（绵羊需15分钟到2.5小时，双胎间隔15分钟；山羊需0.5～4小时，双胎间隔0.5～1小时），母羊停止阵缩或者阵缩无力时，需迅速进行人工助产，不可拖延时间，以防羔羊死亡。

②助产准备。术前检查：询问羊分娩的时间，是初产还是经产，看胎膜是否破裂，有无羊水流出，检查全身状况。

保定母羊：一般使羊侧卧，保持安静，让前躯低，后躯稍高，以便于矫正胎位。

消毒：对手臂、助产用具进行消毒。对阴户外周用1：5 000的新洁尔灭溶液进行清洗。

产道检查：注意产道有无水肿、损伤、感染，产道表面干燥和湿润状态。

胎位、胎儿检查：确定胎位是否正常，判断胎儿死活。胎儿正产时，手入阴道可摸到胎儿嘴巴、两前肢中间挟着胎儿的头部；当胎儿倒生时，手入产道可摸到胎儿尾巴、臀部、后蹄及脐动脉。以手压迫胎儿，如有反应，表示尚存活。

助产的方法：常见的难产有头颈侧弯，头颈下弯，前肢腕关节屈曲，肩关节屈曲，肘关节屈曲，胎儿下位，胎儿横向，胎儿过大等；可按不同的异常产位将其矫正，然后将胎儿拉出产道。

③剖腹产。子宫颈扩张不全或子宫颈闭锁、胎儿不能产出，或骨骼变形致使骨盆腔狭窄、胎儿不能正常通过产道，在此情况下，可进行剖腹产急救胎儿，保护母羊安全。

④阵缩及努责微弱的病羊。可皮下注射垂体后叶素、麦角新碱注射液 1 ~2 毫升。必须注意，麦角制剂只限于子宫颈完全张开，胎势、胎位及胎向正常时方可使用，否则易引起子宫破裂。

14. 子宫炎

子宫炎是因感染或非感染因素所致的子宫组织的炎症。

◆发病原因　子宫炎是由于分娩、助产、子宫脱、阴道脱、胎衣不下、腹膜炎、胎儿死于腹腔等导致细菌感染而引起的子宫黏膜炎症。

◆临床症状　该病临诊可见急性和慢性两种。按其病程中发炎的性质可分为卡他性、出血性和化脓性子宫炎。

急性：初期，病羊食欲减少，精神欠佳，体温升高；因有疼痛反应而磨牙、呻吟。可表现为前胃弛缓，拱背、努责、时时作排尿姿势；阴户内流出污红色内容物。

慢性：病情较急性轻微，病程长；子宫分泌物量少。如不及时治疗可发展为子宫坏死，继而全身状况恶化，发生败血症或脓毒败血症。

有时可继发腹膜炎、肺炎、膀胱炎、乳房炎等。

◆治疗

①净化。清洗子宫，用 0.1% 高锰酸钾溶液或 0.1% 普鲁卡因溶液 300 毫升，灌入子宫腔内，然后用虹吸法排出，每日

1 次，可连做 3 ~4 次。

②消炎。可在冲洗后给羊子宫内注入碘甘油 3 毫升，或投放土霉素（0.5 克）胶囊；用青霉素 80 万单位和链霉素 50 万单位，肌肉注射，每日早晚各 1 次。治疗自体中毒时，应用 10% 葡萄糖溶液 100 毫升、林格氏溶液 100 毫升、5% 碳酸氢钠溶液 30 ~50 毫升 1 次静脉注射。

15. 胎衣不下

胎衣不下是指孕羊产后 4 ~6 小时，胎衣停留在子宫内仍排不下来的疾病。

◆发病原因　该病多因孕羊缺乏运动，饲料中缺乏钙盐、维生素或缺硒，饮饲失调，体质虚弱造成的。此外，子宫炎、羊布氏杆菌病等也可导致此病。

◆临床症状　病羊常表现为拱腰、努责、食欲减少或废绝、精神较差、喜卧地，体温升高，呼吸及脉搏增快。胎衣久久滞留不下，可发生腐败，从阴户中流出污红色腐败恶臭的恶露，其中混有灰白色未腐败的胎衣碎片或脉管。当全部胎衣不下时，部分胎衣从阴户中垂露于后肢跗关节部。

◆治疗

①药物疗法。病羊分娩后不超过 24 小时的，可应用垂体后叶素注射液、催产素注射液、麦角碱注射液其中之一 0.8 ~1 毫升，1 次肌肉注射。

②自然剥离法。不借助手术剥离，而辅以防腐消毒药或抗生素，让胎膜自溶排出，达到自行剥离的目的。可于子宫内投放土霉素粉 0.5 克，效果较好。

16. 阴道脱

阴道脱是阴道部分或全部外翻脱出于阴户之外，阴道黏膜暴露在外面，引起阴道黏膜充血、发炎，甚至形成溃疡或坏死的疾病。

◆发病原因　该病在饲养管理较差、羊体质虚弱或阴道周围的组织和韧带松弛、怀孕羊只到后期腹压增大、分娩或胎衣不下时努责过度、助产时拉出胎儿过急等情况下容易发生。

◆临床症状　阴道脱分为完全脱出和部分脱出。当完全脱出时，阴道脱出如拳头大，子宫颈仍闭锁。部分脱出时，仅见阴道入口部脱出，大小如桃子。外翻的阴道部黏膜发红甚至青紫，局部水肿。摩擦可损伤黏膜，形成溃疡、局部出血或结痂。

阴道脱的病羊卧地后，地面的污物、垫草、粪便黏附于脱出的阴道局部，因细菌感染而导致阴道化脓或坏死。严重者，全身症状明显，体温可升高达40℃以上。

◆治疗　体温升高者，用磺胺双甲基嘧啶5～8克，每日1次灌服；或应用青霉素和链霉素。清洗局部，用药同子宫内膜炎。整复脱出的阴道时，可用手垫上消毒纱布捧住脱出的阴道，由脱出基部向骨盆腔内推进，至快送入时，用拳头顶进阴道；然后用阴门固定器压迫阴门，牢固固定阴门固定器。对习惯性脱出者，可用粗线对阴门四周做减张缝合。

17. 乳房炎

乳房炎是乳腺、乳池、乳头局部的炎症，多见于泌乳期的绵羊、山羊。

◆发病原因 该病多因挤乳工技术不熟练损伤了乳头、乳腺体，或因挤乳工具不卫生使乳房受到细菌感染所致。结核病、口蹄疫、子宫炎、脓毒败血症等也可出现该病。

◆临床症状 轻者不显临床症状，病羊全身无反应，仅乳汁有变化。一般多为急性乳房炎，乳房局部发肿、硬结、热痛，乳量减少，乳汁变性，其中混有血液、脓汁等，乳汁絮状物呈褐色或淡红色。炎症延续，病羊体温升高，可达41℃。挤乳或羔羊吃乳时，母羊抗拒、躲闪。若炎症转为慢性，则病程延长。由于乳房硬结，常丧失泌乳机能。脓性乳房炎可形成脓腔，使腔体与乳腺管相通，若穿透皮肤可形成瘘管。山羊可患坏疽性乳房炎，为地方流行性急性炎症，多发生于产羔后4~6周。

◆防治措施 注意挤乳卫生，扫除圈舍污物，在绵羊产羔季节应注意经常检查母羊乳房。

病初可用青霉素40万单位、0.5%普鲁卡因溶液5毫升，溶解后用乳房导管注入乳孔内；然后轻揉乳房腺体部，使药液分布于乳房腺中；或应用青霉素、普鲁卡因溶液行乳房基部封闭；也可应用磺胺类药物。为了促进炎性渗出物吸收和消散，除在炎症初期冷敷外，2~3天后可施热敷，用10%硫酸镁溶液1 000毫升，加热至45℃，每日外敷1~2次，连用4次。

对脓性乳房炎及开口于乳池深部的脓肿，宜向乳房脓腔内注入0.02%呋喃西林溶液或0.1%~0.25%雷佛奴尔溶液；用3%过氧化氢溶液或0.1%高锰酸钾溶液冲洗消毒脓腔，引流排脓。

18. 羔羊白肌病

羔羊白肌病也称肌营养不良症，是伴有骨骼肌和心肌组织变性、并发生运动障碍和急性心肌坏死的一种微量元素缺乏症。

◆发病原因　该病与母乳中缺乏维生素 E，或缺硒、钴、铜、锰等微量元素有关。

◆临床症状　发育停滞，营养不良，贫血、拱背，四肢无力，心律不齐，呼吸困难，消化机能紊乱，体温稍低，肠音弱，腹泻，有的发生结膜炎、角膜混浊、失明等。病羔精神不振、运动无力、站立困难、卧地不愿起立；有时呈现强直性痉挛状态，随即出现麻痹、血尿；死亡前昏迷、呼吸困难。也见有羔羊病初不见异常，往往于放牧时由于惊动而剧烈运动或过度兴奋而突然死亡。该病常呈地方性同群发病，应用其他药物治疗不能控制病情。

◆病理变化　主要是骨骼肌色淡苍白，呈鱼肉样外观，间有灰白或黄色斑纹或条纹状坏死。心脏沿心肌走向发生出血而呈现红紫色，故称“桑椹心”。

◆防治措施　应用 0.2% 亚硒酸钠溶液 2 毫升，每月肌肉注射 1 次，连用 2 次，配合肌肉注射维生素 E 100～150 毫克；氯化钴 3 毫克、硫酸铜 8 毫克、氯化锰 4 毫克、碘盐 3 克，加水适量，灌服；并辅以肌肉注射维生素 E 300 毫克，效果更佳。加强母畜饲养管理，供给豆科牧草，母羊产羔前补硒，可收到良好效果。饲料中添加含硒生长素可起预防作用。

19. 绵羊食毛症

绵羊食毛症多发生于冬季舍饲的羔羊，食毛可影响消化，严重时因毛球阻塞肠道形成肠梗塞。

◆发病原因　该病与缺乏无机盐特别是微量元素铜、钴、镁有关。发病区外环境缺硫导致牧草含硫量不足也是原因之一。可见于长期饲喂块根类饲料的羊群。

◆临床症状　初期羔羊啃食母羊被毛，有异食癖，喜食污粪或舔土。当毛球形成，毛球横径大于幽门或嵌入肠道，使真胃和肠道阻塞，羔羊呈现消化不良、便秘、腹痛及胃肠臌气，严重者表现为消瘦、贫血。成年羊食毛，常可使整群羊被毛脱落，全身或局部缺失被毛。

◆防治措施　增加维生素或无机盐微量元素；加强饲养管理，改换放牧地；补饲家畜生长素和饲料添加剂，增喂精料。

20. 尿结石

尿结石（石淋）是在肾盂、输尿管、膀胱、尿道内生成或存留以碳酸钙、磷酸盐为主的盐类结晶，使羊排尿困难，并由结石引起泌尿器官发生炎症的疾病。

◆发病原因　该病常与以下因素有关：

一是溶解于尿液中的草酸盐、碳酸盐、尿酸盐、磷酸盐等，在凝结物周围沉积形成大小不等的结石。结石的核心可能发现上皮细胞、尿圆柱、凝血块、脓汁等有机物。二是由尿路炎症引起尿潴留或尿闭，可促进结石形成。三是饲料和饮水中含钙、镁盐类较多。饲喂大量的甜菜块根及渣粕，饲料中麸皮比例较高等常可促使该病的发生。四是肾炎、膀胱炎、尿道炎与该病的发生关系较为密切。

◆临床症状　尿结石常因发生的部位不同，症状也有差异。尿道结石，常因结石完全或不完全阻塞尿道，引起尿闭、尿痛、尿频。病羊排尿努责、痛苦咩叫，尿中混有血液。尿道结石可致膀胱破裂。膀胱结石在不影响排尿时，不显临床症状，而在病羊死后剖检时才被发现有大量的结石。肾盂内较小的结石，可进入输尿管，使之扩张，使羊发生疝痛症状。尿液显微镜检查，可见有脓细胞、肾盂上皮、砂粒或血液。当尿闭时，常可发生的尿毒症。

◆临床诊断　该病可借助尿液镜检加以确诊。对尿液减少或尿闭，或有肾炎、膀胱炎、尿道炎病史的羊只，不应忽视可能发生尿结石。

◆防治措施　控制谷物麸皮、甜菜块根的饲喂量。饮水要清洁。种羊发生尿道结石时可以施行尿道切开术，摘除结石。在施行肾盂及膀胱结石摘除术时，对愈后要慎重对待。

20. 羊酮病

羊酮病常发生在绵羊和山羊妊娠后期，以酮尿为主要症状。绵羊多发生于冬末春初，山羊发病没有严格的季节性。

◆发病原因　主要原因是营养不足，怀孕至后期胎儿相对发育较快，母体代谢丧失平衡，引起脂肪代谢障碍，脂肪代谢氧化不全，形成中间产物酮体而发病。

◆临床症状　初期视力减退、呆立不动，驱赶强迫运动时步态摇晃。后期意识紊乱、视力丧失。神经症状常表现为头部肌肉痉挛，并可出现耳、唇振颤，空嚼，口流泡沫状唾液。由于颈部肌肉痉挛，故头后仰或偏向一侧，亦可见到转圈运动。若全身痉挛则突然倒地死亡。在病程中病羊食欲减退，前胃蠕动减弱，黏膜苍白或黄疸；体温正常或低于正常；呼出气体及排出尿中有丙酮气味。采用亚硝基铁氰化钠法检验尿液，呈阳性反应。

◆防治措施

①加强饲养管理。冬季设置防寒棚舍。春季补饲青干草，适当补饲精料（豆类）、骨粉、食盐等，冬季补饲甜菜根、胡萝卜。

②药物治疗。可用 25% 葡萄糖溶液 50～100 毫升，静脉注

射，以防肝脂肪变性。调理体内氧化还原过程，可每日饲喂醋酸钠 15 克，连用 5 日。

22. 羊妊娠毒血症

羊的妊娠毒血症是因孕羊新陈代谢加强，大量消耗体内的脂肪、蛋白质，从而使血中酮体增加，造成肝脏的解毒功能降低而引发的疾病。

◆发病原因　母羊在怀孕后，为满足胎儿生长发育的需要，孕羊新陈代谢加强，大量消耗体内的脂肪、蛋白质，由于缺乏运动，使新陈代谢机能发生紊乱，血压降低，血中酮体增加、蓄积而中毒，同时出现代谢异常，消耗肝糖原，造成肝脏的解毒功能降低，引发妊娠毒血症。

另外孕羊在怀孕后期，由于营养过盛，胎儿迅速增大，压迫瘤胃，致使孕羊的采食量骤减，不能满足胎儿对营养物质的需要，使营养处于负平衡状态，孕羊很快消瘦，如不及时调整营养，也可引起本病的发生。

◆临床症状　病羊意识紊乱，病初反应迟钝，视力不佳，晚期表现为磨牙、咀嚼、阵发性惊厥、行走不稳或卧地不起、头颈弯向一侧、食欲锐减或废绝、前胃蠕动微弱、反刍停止。此病多发生于分娩前 15 ~ 20 天。病羊逐渐消瘦，经常卧地，也有营养较好的母羊发病，持续 3 ~ 4 天不能站立，4 ~ 5 天后胎儿死亡，母羊暂时好转，随后又会复发。病羊多数呈现生产困难，可在病初进行引产，母羊产后症状消失。

◆防治措施　病初可用皮质激素葡萄糖疗法：氢化可的松 100 ~ 150 毫克、25% 葡萄糖溶液 500 毫升，静脉注射，每天 1 ~ 2 次，连用 3 ~ 5 天。引产时，可用地塞米松 25 毫克静脉注射。

怀孕两个月的母羊，要及时调整饲养水平，使蛋白质含量达到10%～16%，增加饲喂次数，增补鱼肝油、丙酸盐、矿物质等。

23. 佝偻病

佝偻病是羔羊在生长发育期中，因维生素D不足，钙、磷代谢障碍导致骨骼变形的疾病。多发生在冬末春初。

◆发病原因　饲料中维生素D含量不足及日光照射不够，以致哺乳幼畜体内维生素D缺乏；怀孕母羊或哺乳羊饲料中钙、磷比例不当；圈舍潮湿、污浊阴暗，羊只消化不良、营养不佳，可为该病的诱因。

◆临床症状　病羊轻者主要表现为生长迟缓，异嗜；喜卧不活泼，卧地起立缓慢，往往出现跛行，行走步态摇摆，四肢负重困难。触诊关节有疼痛反应。病程稍长则关节肿大，以腕关节、球关节最为明显。

◆防治措施

①改善和加强母羊的饲养管理。加强运动和放牧，多给青饲料，补喂骨粉，增加幼羔的日照时间。

②药物治疗。可用维生素A、D注射液3毫升，肌肉注射；精制鱼肝油3毫升灌服或肌肉注射，每周2次。为了补充钙制剂，可静脉注射10%葡萄糖酸钙溶液5～10毫升；也可肌肉注射维丁胶性钙2毫升，每周1次，连用3次。

24. 有机磷中毒

有机磷中毒是由于接触、吸入或采食某种有机磷制剂致机体胆碱能神经过度兴奋的中毒症。

◆发病原因　有机磷农药种类繁多，常用的有对硫磷、内吸磷，为剧毒类；敌敌畏、乐果，为强毒类；敌百虫、马拉硫磷，为弱毒类。引起中毒事故的，多见于农药保管工作使用违反操作规程，使羊只接触或食入有机磷而发病；或农药污染牧草、饮水使羊致病。亦见于驱除外寄生虫时，应用有机磷过量而发生中毒。

◆临床症状　常表现为毒蕈碱样中毒症状，如食欲不振、流涎呕吐、疝痛腹泻、多汗、尿失禁、瞳孔缩小、黏膜苍白、呼吸困难、肺水肿等；有的表现为烟碱样中毒症状，如肌纤维性振颤、麻痹、血压上升、脉频数，致使中枢神经系统机能紊乱，兴奋不安、全身抽搐以致昏睡等。水样下泻、便血也较多见。在发生呼吸困难的同时，病羊表现痛苦、眼球振颤、四肢厥冷、出汗。当呼吸肌麻痹时，导致窒息而死亡。胆碱酯酶活性降低。

◆临床诊断　依据症状、毒物接触史和毒物分析，并测定胆碱酯酶活性，可以确诊。

◆治疗

①阿托品皮下注射。剂量为每只羊 2～4 毫克，病情严重者可加大剂量 2～3 倍，第一次注射后隔 2 小时再注射一次，直到症状减轻为止。

②10% 葡萄糖溶液 500 毫升、碘解磷啶注射液按每千克体重 15 毫克，静脉滴注，2 小时后再静脉推注一次，剂量同上。

注意事项

有机磷中毒后应尽早采用药物治疗。阿托品皮下注射配合胆碱酯酶复能剂（碘解磷啶、氯磷啶或双复磷）的同时，结合其他对症疗法。

对兴奋不安、出汗严重的病羊静脉滴注镇静剂，不可使用氯丙嗪。

对中毒超过36小时者，复能剂已不能发挥治疗作用，除使用阿托品治疗，给病羊输血100~200毫升也有良好作用。

中毒症状缓解之后，不要过早停止阿托品的使用，以免残毒再吸收而引起复发，最低限度维持量不能少于72小时。

在治疗有机磷中毒的过程中，切忌静脉补碱。因为碘解磷啶在碱性环境中会水解成毒性极强的氰化物。

25. 氢氰酸中毒

氢氰酸中毒是由于羊采食富有氰苷配糖体的青饲料，在胃内由于酶的水解和胃液盐酸的作用，产生游离的氢氰酸而致病。

◆发病原因　该病常因羊采食过量的胡麻苗、高粱苗、玉米苗等而突然发作。饲喂机榨胡麻饼，因含氰苷量多，也易发生中毒。应用中药治病，当杏仁、桃仁用量过大时，亦可致病。

◆临床症状　该病发病迅速，多于采食含有氰苷的饲料后15~20分钟出现症状。首先表现为腹痛不安，瘤胃臌气，呼吸加快，可视黏膜鲜红，口流白色泡沫状唾液；先呈现兴奋状态，很快转入沉郁状态，随之出现极度衰弱，行走不稳或倒地；严重时体温下降，后肢麻痹，肌肉痉挛，瞳孔散大，全身反射减少或消失，心搏动徐缓，脉细弱，呼吸浅微，直至昏迷而死亡。

◆防治措施　禁止在含有氰苷作物的地方放牧，应用含有氰苷的饲料喂羊时，宜先加工调制。发病后速用亚硝酸钠0.2克配成浓度为5%的溶液，静脉注射；然后再用10%硫代硫酸钠溶液10~20毫升，静脉注射。

26. 棉籽饼中毒

羊因大量采食未经脱酚处理或加工不当的棉籽饼及棉叶会引起中毒。此病多发生于棉花的主产区，在饲料中添加棉籽饼不当时，也会发生中毒。

◆临床症状　轻症表现为食欲减退、低头拱腰，发生消化不良或轻度的胃肠炎，粪便干硬呈黑色，体温一般正常。重症者体温升高、精神沉郁、喜卧荫凉处、被毛粗乱、后肢无力、走路不稳。眼睛怕光、流泪，有时甚至失明。严重时，体温升高到41℃以上，食欲废绝，瘤胃蠕动减弱，粪球干硬呈枣核状，外表带有黑色的血液，呼吸困难，肌肉振颤，尿量减少、色黄，有时有血尿，可视黏膜充血并有多量的眼分泌物。一般情况下，发病2~3天后死亡。

◆预防　用棉叶喂羊，必须经晒干压碎，发酵后，用清水洗净。棉籽饼必须经煮沸2小时以上方能饲喂。饲喂精料不能超过饲料总量的20%，饲喂几周后，应停喂几周，然后再喂。饲喂棉籽饼时，应加些食盐和硫酸亚铁，以减少毒性。哺乳羔羊和哺乳母羊以及怀孕羊不宜饲喂棉籽饼。

◆治疗　有发病表现时，立即停喂病初绝食1~2天，内服0.1%~0.5%高锰酸钾溶液或3%碳酸氢钠溶液，早期投服盐类泻剂；有出血性胃肠炎时，应用鞣酸蛋白质5克、次硝酸铋10克、氢氧化铝凝胶10~20毫升，灌服，同时应用仙鹤草素、安络血等止血剂注射；前胃弛缓时，可用新斯的明3~5毫升皮下注射，并酌情采取输液、强心及补糖和维生素等措施。

27. 感冒

感冒是机体由于受风寒侵袭而引起的以上呼吸道炎症为主的急性全身性疾病。以流清涕、羞明流泪、呼吸增快、皮温不均为特征。一年四季均发，季节交替时多发。

◆发病原因　健康羊的上呼吸道通常寄生一些能引起感冒的病毒和细菌，当羊由于营养不良、过劳、出汗和受寒等因素使机体抵抗力下降时，微生物大量繁殖而发病。

◆临床症状　体温升高至40℃左右，精神沉郁，低头嗜睡，耳尖鼻端和四肢末端发凉，眼结膜潮红。流泪、咳嗽、呼吸脉搏增数。起初流浆性鼻液，以后流黏性和脓性鼻液，出现鼻塞音，食欲减退，反刍减少或停止，鼻镜干燥，无并发感染，经3～5天好转，7～10天痊愈。

◆治疗　治疗原则是以解热镇痛为主，防止继发症，抗菌消炎。

（1）肌肉注射30%安乃近5～10毫升或复方氨基比林5～10毫升或安痛定10～20毫升。

（2）病重继发感染的，配合10%～20%磺胺嘧啶，首次用量为每千克体重0.2克，维持量为每千克体重0.1克；或用复方新诺明注射液；或将青霉素和链霉素混合应用，青霉素用量为每千克体重4 000单位，链霉素用量为每千克体重20毫克，每天3次,连续应用3～7天。还可配合清热解毒针10～20毫升、5%～10%葡萄糖溶液300～1 000毫升，静脉注射，每天1次。